Das Fotoalbum für Weierstraß

A Photo Album for Weierstrass

Das Fotoalbum für Weierstraß

Kommentiert von Reinhard Bölling

A Photo Album for Weierstrass

Edited by Reinhard Bölling

Dr. Reinhard Bölling
Universität Potsdam
Institut für Mathematik
Postfach 60 15 53
D-14415 Potsdam
Germany

Photographs of the Weierstrass-Album; courtesy of the Staatliche Museen zu Berlin – Preußischer Kulturbesitz, Kunstbibliothek.

Mathematics Subject Classification: 01A05, 01A55, 01A70, 01A72

Alle Rechte vorbehalten / All rights reserved

© Friedr. Vieweg & Sohn Verlagsgesellschaft mbH, Braunschweig/Wiesbaden, 1994
Softcover reprint of the hardcover 1st edition 1994

Vieweg is a subsidiary company of Bertelsmann Professional Information.

No part of this publication may be reproduced, stored in a retrieval system or transmitted, mechanical, photocopying or otherwise without prior permission of the copyright holder.

Photographical reproduction: Bildarchiv Preußischer Kulturbesitz, Berlin
Lithography: Litho-Service H. Schell GmbH, Hamburg

ISBN-13: 978-3-322-80282-8   e-ISBN-13: 978-3-322-80281-1
DOI: 10.1007/978-3-322-80281-1

Vorwort

Im Sommer 1986 machte mich Herr H. Hadan, Leiter der Bibliothek des Fachbereiches Mathematik der Humboldt-Universität Berlin, auf ein Fotoalbum aufmerksam. Ich arbeitete zu dieser Zeit an der Edition des Briefwechsels zwischen Karl Weierstraß und Sofja Kowalewskaja und wußte daher, daß Weierstraß zum 70. Geburtstag ein Fotoalbum übergeben worden war, hatte aber nicht geglaubt, daß es nach hundert Jahren überhaupt noch irgendwo existierte und war äußerst überrascht, als ich es auf einmal vor mir liegen sah. Es schien mir wünschenswert, dieses außergewöhnliche Dokument zu publizieren. Unter bis heute nicht geklärten Umständen war das Album vom Kupferstichkabinett Berlin nach einem „Dornröschenschlaf" von mehr als siebzig Jahren an die Humboldt-Universität gelangt. Es stellte sich dann heraus, daß im Kupferstichkabinett sogar noch ein weiteres Fotoalbum vorhanden war. Beide Bände waren im Jahre 1904 von dem Berliner Mathematiker und Weierstraß-Schüler Johannes Knoblauch dem Kupferstichkabinett übergeben worden. Seit 1992 werden sie in der zur Stiftung Preußischer Kulturbesitz gehörenden Kunstbibliothek Berlin (Sammlung Fotografie) aufbewahrt.

Bei meinen Recherchen konnte ich mit Erstaunen feststellen, daß selbst nach hundert Jahren noch manches Detail über so eine „Kleinigkeit" wie ein Fotoalbum und über die Geburtstagsfeier am 31. Oktober 1885 sich ermitteln ließ. Um etwas von der Atmosphäre jener Tage spürbar werden zu lassen und um mehr Authentizität zu erreichen, sind den Angaben zur Entstehungsgeschichte des Albums und zur Geburtstagsfeier mehrere Briefe (zugleich als Belege) beigefügt, um einige der dabei auftretenden Akteure selbst zu Wort kommen zu lassen. Als Einleitung werden biographische Angaben über Karl Weierstraß in dem Umfang vorangestellt, wie sie für das Verständnis der sich anschließenden Beschreibung der Ereignisse des Jahres 1885 von Vorteil sind.

Gern möchte ich die Gelegenheit nutzen, um mich bei den Institutionen zu bedanken, die zur Realisierung dieser Publikation beigetragen haben: der Kunstbibliothek Berlin für die freundliche Genehmigung zur Publikation des Albums, dem Bildarchiv Preußischer Kulturbesitz Berlin für die Herstellung der Reproduktionen, dem Institut Mittag-Leffler (Djursholm / Schweden) für die großzügige Unterstützung meiner Arbeit (und die Genehmigung zur Publikation des Weierstraß-Porträts und der unten abgedruckten Briefe) und dem Verlag Vieweg für die kooperative Zusammenarbeit. Nicht zuletzt möchte ich Frl. Nicola Morris herzlich danken, die die englische Übersetzung angefertigt hat.

Reinhard Bölling

*

Ein Fotoalbum: Gesichter aus längst vergangenen Tagen, aus der Zeit unserer Großväter oder Urgroßväter. Schüler, Kollegen und Freunde von Karl Weierstraß wollten auf diese Weise ihren Dank und ihre Glückwünsche dem Berliner Mathematiker zu seinem 70. Geburtstag aussprechen. Manches bekannte Gesicht ist darunter, aber auch manches unbekannte. Momentaufnahmen auf Lebenswegen, deren Spuren sich verwischt haben. Ihre Geschichten lassen sich nicht mehr erzählen. Bruchstücke sind geblieben, die wir auf unserer Suche finden.

Viele von ihnen hatten in Berlin studiert oder kamen nach abgeschlossener Ausbildung zu einem Studienaufenthalt hierher, um an der Friedrich-Wilhelms-Universität Vorlesungen bei Weierstraß und seinen beiden anderen großen Kollegen Ernst Eduard Kummer (1810–1893) und Leopold Kronecker (1823–1891) zu hören. Es war in erster Linie das Verdienst dieser drei Gelehrten, daß Berlin in der Mathematik in der zweiten Hälfte des 19. Jahrhunderts eine herausragende Stellung einnehmen konnte und damit zu einem Anziehungspunkt für viele Studierenden wurde. Die einstigen Studenten finden wir als Professoren an Universitäten und Hochschulen oder als Lehrer im höheren Schuldienst über ganz Deutschland verteilt wieder.

Zunächst einige Zeilen über die Hauptperson, wobei wir unser Bild hier nur mit äußerst wenigen Strichen zeichnen, zugleich weitere Akteure der Handlung vorstellend.

*

Preface

In the summer of 1986, Mr. H. Hadan, Head of the Library of Humboldt University's Mathematics Department, drew my attention to a photo album. I was working at that time on an edition of the correspondence between Karl Weierstrass und Sofya Kovalevskaya, and knew therefore that a photo album had been handed over to Weierstrass in occasion of his 70th birthday. But I never suspected that it would still exist anywhere at all after a hundred years, and I was extremely surprised to see it lying before me. It seemed to me desirable to publish this extraordinary document.

The album turned up under still unclear circumstances in the Humboldt University after a long sleep of more than seventy years in Berlin's Kupferstichkabinett (museum of copper engravings). It then turned out that there was a further photo album in the Kupferstichkabinett. Both volumes were presented in 1904 to the museum by the mathematician and Weierstrass' pupil Johannes Knoblauch (working in Berlin). Since 1992 they have been kept in Berlin's Kunstbibliothek (photography collection) belonging to the Stiftung Preussischer Kulturbesitz.

In the course of my investigations I noticed with astonishment that even after a hundred years it was possible to find out details of such a "trifle" as a photo album and of the birthday celebration on 31st October 1885. In order to give some of the atmosphere of those days and to achieve more authenticity, several letters (used at the same time as evidence) have been added to the information given about the background of the album and the birthday celebration (to let some of the performers from 1885 speak for themselves). Introductory biographical data about Karl Weierstrass is compiled only to such a degree as is useful for understanding the following description of the events in the year under consideration.

I would like to take this opportunity to express with pleasure my gratitude to the institutions which have contributed to the realization of this publication: to the Kunstbibliothek, Berlin, for the kind permission to publish the album; to the Bildarchiv Preussischer Kulturbesitz, Berlin, for producing the reproductions; to the Institut Mittag-Leffler, Djursholm (Sweden), for generous support of my work (and the permission to publish the Weierstrass portrait and the letters reproduced below); to Verlag Vieweg for good co-operation. Last but not least, I would like to cordially thank Nicola Morris for the English translation.

Reinhard Bölling

*

A photo album: Faces from bygone days, from the time of our grandfathers or great-grandfathers. This was the way that students, colleagues and friends of Karl Weierstrass wanted to thank and congratulate him on his 70th birthday. Some well-known faces are there, others are unknown. Snapshots of lives of which no trace remains. Their stories can no longer be told. When we try to uncover them only fragments can be found. Many of these people had either studied in Berlin or had come to the city after finishing their education, in order to attend lectures at the Friedrich Wilhelm University given by Weierstrass and his two important colleagues Kummer (1810–1893) and Kronecker (1823–1891). It was mainly due to these three learned men that Berlin was able to assume such a prominent position in mathematics in the second half of the 19th Century, thus becoming a magnet for many students. Many of these are later to be found spread all over Germany, as professors in universities and colleges, or teachers in senior positions.

First a few lines about the central character, a quick sketch which will at the same time introduce some more of the people involved.

*

Addendum

Nach Abschluß der Arbeit an dem vorliegenden Buchmanuskript habe ich während eines Aufenthaltes im August 1994 am Institut Mittag-Leffler einige Dokumente aufgefunden, die ich gerne noch an dieser Stelle einfügen möchte, da der Leser ihnen weitere Einzelheiten im Zusammenhang mit dem 70. Geburtstag von Weierstraß entnehmen kann.

Die Originaltexte werden hier bis auf geringfügige orthographische Korrekturen unverändert wiedergegeben.

After the work on the present book was finished, I discovered some documents at the Mittag-Leffler Institute during a visit in August 1994. I would like to include that material here, so that the reader can find further details in connection with the 70th birthday of Weierstrass.

The original texts are reproduced unaltered with a few minor orthographic corrections.

Cantor an Mittag-Leffler
Halle, 28.10.1884

[...] In Berlin hörte ich, dass Herrn Weierstrass zu seinem 70sten Geburtstage, welcher nächstes Jahr d. 30 Oct. 85 statt haben wird, von seinen Verehrern und Schülern seine Marmorbüste von einem bedeutenden Künstler gefertigt, überreicht und verehrt werden soll; ich bin damit ganz einverstanden und werde gern dazu beitragen. [...]

(Enthalten in der Edition von H. Meschkowski und W. Nilson (siehe Literaturverzeichnis).)

(Contained in H. Meschkowski's and W. Nilson's edition (cf. Bibliography).)

Mittag-Leffler an Cantor
[Abschrift. Stockholm,] 2.11.1884

[...] L'idée de faire un buste de Weierstrass est la mienne. Le l'ai communiqué à Runge en lui priant de faire quelques démarches à Berlin avant mon arrivée. Quand je viens à Berlin je tâcherai d'arranger la chose de mieux possible. Mais il ne faut pas donner le buste à Weierstrass. Il faut lui prier de donner son consentement que l'on fosse un buste de lui sera donné comme cadeau à l'université de Berlin. [...]

Spätestens im Oktober 1884 hatte sich Runge in Stockholm bei Mittag-Leffler aufgehalten.

In October 1884 at the latest, Runge met Mittag-Leffler in Stockholm.

Mittag-Leffler an Runge
[Entwurf. Stockholm,] 9.11.1884

[...] Ich erfahre aus Deutschland dass man sich schon in Berlin mit unserer Idee beschäftigt eine Marmorstatue von Weierstrass zu verfertigen. Haben Sie sich erkundigt welcher der geeignete Sculptör sein könnte und zu welchem Preis er seine Arbeit machen kann? Wenn ich nach Berlin komme werden wir die Sache ordentlich in Scene setzen. [...]

Mittag-Leffler hielt sich Anfang Dezember 1884 eine Woche in Berlin auf.

At the beginning of December 1884, Mittag-Leffler came to Berlin for one week.

Fuchs an Mittag-Leffler
Berlin, 29.12.1884

[...] Deshalb beehre ich mich auch Ihnen dorthin den inliegenden Aufruf betreffend die Feier des siebzigsten Geburtstages des Herrn Weierstrass zu senden. Haben Sie die Güte mir denselben mit Ihrer Namensunterschrift versehen wieder zurückzusenden. Eine sorgfältige Ueberlegung liess zu dem Beschlusse kommen, dass, um Missverständnisse zu vermeiden, von ehemaligen Schülern von Weierstrass welche an demselben Orte wohnen nur einer den Aufruf unterzeichne. Deshalb wird der Aufruf zur Unterschrift vorgelegt (ausser Ihnen und mir)
Bruns, Leipzig
Cantor, Halle
Frobenius
Kiepert

Königsberger
Kortum, Bonn
Frau v. Kowalewski, welche als aus Moskau unterzeichnen wird
Schwarz
Thomé, Greifswald
Wassilief, Kasan.
[...]

Mittag-Leffler an Fuchs
[Entwurf. Paris,] 5.1.1885

[...] Ich bekomme eben Ihren liebenswürdigen Brief vom 29/XII und beeile mich denselben dadurch zu beantworten dass ich Ihnen Ihren Entwurf mit meiner Namensunterschrift versehen zurückschicke. Ich bekam gleichzeitig mit Ihrem Brief einen anderen Brief von Herrn Cantor in Halle, worin er sich in der Richtung ausspricht, es wäre zweckmässig unser Schreiben in wärmeren Ausdrücken abzufassen, welche die grosse Bedeutung von Weierstrass hervorheben. Sie haben doch wahrscheinlich gedacht, dass Weierstrass sei gross genug, um unsere Empfehlung nicht zu brauchen und haben es deshalb vorgezogen, dieses Schreiben so einfach wie möglich zu redigiren. Ich finde auch diese Auffassungsweise sehr richtig und hesitire deshalb meinerseits keinen Augenblick zu unterschreiben. Ich schreibe auch heute Herrn Cantor in dieser Richtung. [...]

In ganz ähnlicher Weise wie in dem vorstehenden Brief äußert sich Mittag-Leffler in seinem ebenfalls vom 5.1.1885 datierten Brief an Cantor sowie in seinem am folgenden Tag geschriebenen Brief an Kronecker.
As in the previous letter, Mittag-Leffler gave similar arguments both in his letter to Cantor of the same date and in his letter to Kronecker one day later.

Fuchs an Mittag-Leffler
Berlin, 3.2.[1885]
(Originaldatum: 3.2.1884)

Geehrter Freund und College!
Sie erhalten durch Herrn Reimer, welcher so gütig war den Druck des Aufrufes betreffend die Weierstrassfeier und das Schatzmeisteramt zu übernehmen, die von Ihnen gewünschten 50 Exemplare des Aufrufes. Haben Sie nun die Güte dieselben möglichst weit zu verbreiten [...]. Wie Sie aus dem Aufrufe selbst ersehen hat Herr Cantor zu meiner grossen Befriedigung sich doch noch zur Unterzeichnung des Aufrufes in unveränderter Form entschlossen. [...]

Cantor an Mittag-Leffler
Berlin, 16.4.1885

Mein lieber Freund.
Die Angelegenheit der Weierstrassbüste ist nun im besten Gange; als ich herkam stockte sie; Fuchs war verreist und hatte keinen rechten Auftrag hinterlassen. In Folge dessen nahm ich die Sache in die Hand, veranlasste den Bildhauer Luerssen, welcher von Anfang an in Aussicht genommen war, mit Weierstrass in Verbindung zu treten. Die erste Sitzung ist auf nächsten Montag festgesetzt; es sollen wöchentlich 3 Sitzungen statt finden, im Ganzen 12-14 an der Zahl. Ich glaube, dass unserm verehrten Freund die ganze Sache noch Spass machen wird. Jedenfalls war er völlig damit einverstanden, dass die Geschichte endlich einmal ihren Anfang nimmt.
Fuchs ist gestern zurückgekehrt, ich habe ihn sofort aufgesucht und seine Einwilligung zu allen Vorkehrungen nachträglich erlangt; [...]

Mittag-Leffler an Itzigsohn
[Entwurf. Schweiz,] 2.8.1885 [sic! Vielleicht 2.9.1885]

Geehrter Herr!
Ihr Brief vom 16.8., so wie auch Ihre Circuläre sind mir hier richtig, aber nach vielen Umwegen, zur Hand gekommen.
Was die Herren aus Helsingfors betrifft, werde ich ihre Portraits einsammeln lassen. Was Dorpat betrifft, habe ich da gar keine Relationen. Ich rathe Ihnen doch an Herrn Lindstedt (Prof. an der Universität) zu schreiben. Er wird Ihnen gewiss sehr gern damit helfen. Was wieder Schweden betrifft so haben Sie mir keinen anderen Namen als denjenigen von Malmsten gegeben. Ist es möglich dass keine anderen Schweden sich betheiligt haben? Ich bitte Sie mir sofort darüber Auskunft zu geben. Wenigstens weiss ich bestimmt dass Gyldén einen Betrag geschickt hat.
Geben Sie mir auch ein Verzeichniss ueber die Dänen und Norweger die sich betheiligt haben. Ich werde besorgen dass die Fotographien eingesammelt werden.
Schicken Sie mir auch ein Verzeichniss ueber die Franzosen. Ich werde die Einsammlung für Frankreich durch meinen Buchhändler in Paris Hermann machen lassen. Sie können kaum einen der französischen Mathematiker damit bemühen.
Was Italien betrifft glaube ich dass es am besten sein wird wenn Sie direkt an alle Italiener im Auftrage des Comités schreiben. Sie können ja Ihren Brief von Jemand abschreiben lassen und nur selbst unterzeichnen. [...]
Es ist mir nicht neu was Sie mir erzählen ueber die Intriguen die gegen unseren grossen und lieben Meister geplant werden. Seien Sie davon ueberzeugt dass Sie in Niemand einen treueren Anhänger von Weierstrass als in

mir finden werden und dass auch Niemand mit mehr Energie gegen diese Intriguen wenn einmal nöthig auftreten wird. [...]

Genehmigen Sie den Ausdruck meiner lebhaftesten Sympathie sowohl für Sie selbst als auch für die Anstrengungen die Sie der guten Sache widmen.

Ihr ergebenster
[G. Mittag-Leffler]

Mittag-Leffler an Fuchs
[Entwurf. Undatiert (Oktober 1885)]

Mein hochgeehrter Freund!

Anbei schicke [ich] Ihnen per Postpaquet ein Exemplar vom Band 7 der Acta Mathematica mit der Bitte, Sie möchten gütigst dieses Exemplar in meinem Namen an Herrn Weierstrass ueberreichen bei dem Festessen, welches ihm zu Ehren am 31 Oktober im Hôtel de Rome stattfindet. Wie Sie sehen, enthält dieser Band ein sehr schönes Bildnis von Weierstrass. Er weiss nichts davon und ich bitte Sie also auch nichts darüber zu erzählen. Dies Bildnis steht im 7.II, welches Heft am 31sten bei Mayer & Müller in Berlin erscheint. Separatabzüge des Bildnisses, sehr schön ausgeführt, werden auch da zu haben sein. Entschuldigen sie bitte gütigst, dass ich es wage, Sie mit diesem Auftrage zu bemühen. Ich glaube, dass Weierstrass es am liebsten hat, wenn die Gabe von Ihnen uebergeben wird. Selbst kann ich leider nicht nach Berlin kommen. Meine Vorlesungen haben dieses Jahr erst am 12ten [Oktober] angefangen und ich kann nicht so ganz im Anfang des Semesters weggehen. [...]

Runge an Mittag-Leffler
Berlin, 12.11.1885

Lieber Freund, [...] Die Feier von Weierstrass' Geburtstag verlief zu aller Zufriedenheit. Ich will Ihnen kurz beschreiben, was ich davon miterlebt habe. Am Sonnabend (dem 31.) Morgens zwölf Uhr fand die Ueberreichung der Büste statt. Fuchs hielt eine ziemlich trockene Rede im Namen des Comités und Weierstrass betonte in seiner Antwort, dass er nicht gezögert habe diese Ovation entgegenzunehmen, da sie von seinen Schülern ausgehe. Auf dem Tische lag Ihre Festgabe. Dass sie überreicht worden ist, habe ich nicht erfahren. Ueberhaupt wurden die eintreffenden Telegramme nicht verlesen. Ich denke mir, es war Weierstrass nicht angenehm, was ich sehr begreiflich finde.

Auch das Photographie Album war dort sehr schön mit gepresstem Leder. Das Bild von Weierstrass hat bei Allen, mit denen ich darüber gesprochen habe, den grössten Beifall gefunden. Man fand es eine viel bessere Wiedergabe seiner Züge als die Büste.

Am Abend desselben Tages fand das Bankett im Hotel de Rome statt. Die Reihe der officiellen Toaste eröffnete Fuchs der in einer langen Rede W.'s Verdienste um die Mathematik verherrlichte und sich sogar dazu verstieg zu sagen, Riemann würde ohne die vorhergehenden Arbeiten von Weierstrass nicht den Muth gehabt haben die Abelschen Functionen anzugreifen. (Das finde ich ein bisschen zu viel.) Dann sprach Kronecker auch sehr ausführlich und pries W.s Lösung des Umkehrungsproblems, die Zurückführung der auftretenden Functionen auf eine Transcendente. Auf das arbeitsvolle und erfolgreiche Leben W.s zurückblickend schloss er mit den letzten beiden Worten von Weierstrass's Abhandlung in Crelle "Fortsetzung folgt".

W. antwortete sehr nett. Er sagte, dass die beiden Vorredner mehrfach zu viel ihn gepriesen, aber er wollte es ihnen privatim sagen, in welchen Punkten das ihm gespendete Lob auf ein bescheideneres Mass zurückgeführt werden müsse. Dann sprach er seine Freude darüber aus so viele Freunde hier zu begrüssen, aber zugleich erinnere es ihn an alle die lieben Freunde, welche ihm in seiner mathematischen Laufbahn nahe getreten und jetzt nicht mehr lebten, Richelot, Riemann (den er wie einen Bruder geliebt), Borchardt (ich glaube noch Andere nannte er). Aber das sei das Glück des Universitätslehrers, dass ihm aus der Jugend immer neue Freunde entgegenwachsen und so trinke er auf die aufstrebende Jugend.

Die anderen Reden fand ich weniger bedeutend. Lampe überreichte eine Addresse von Schullehrern im Elsass. W.s Bruder hielt eine sehr komische Rede auf die Frauen. Dieser alte Herr hat mir sehr gut gefallen. Er schien ganz in seinem Fahrwasser zu sein und alle die Festlichkeiten ungeheuer zu geniessen.

Von Mathematikern, die dort waren interessiren Sie vielleicht die Folgenden: Lindemann, Cantor, Thomae, Schwarz, Kiepert, Paul du Bois-Reymond, Hölder, natürlich alle Docenten der Math. und Astr. an der Universität, Killing, Mangoldt, Helmholtz.

Schwarz und P. du Bois haben sich bei Gelegenheit dieses Festes versöhnt. Auch zwischen W. und K. schienen die Beziehungen ganz gute zu sein. Aber ich glaube es scheint nur so. Jetzt haben sie wieder eine Geschichte wegen der Herausgabe von Borchardts Schriften durch die Akademie. Der Beschluss wurde in einer Sitzung gefasst in der Kronecker nicht zugegen war. Und es scheint, dass er nicht damit einverstanden ist.

Die Festlichkeiten wurden durch einen Commers des math. Vereins am Dienstag den 3. Nov. beschlossen.

Mit bestem Gruss an Ihre Frau Gemahlin und an Frau Kowalevski

Ihr ergebener
C. Runge

Fuchs an Mittag-Leffler
Berlin, 18.5.1895
[Beilage. Aufstellung des Schatzmeisters der Einsammlung E. Reimer]

Weierstrass-Feier

Beiträge.
[...]
7 II	Professor Thomé – Greifswald	100,-	[...]
9 II	Professor Georg Cantor – Halle	100,-	[...]
12 II	Prof. H. A. Schwarz – Göttingen	100,-	[...]
17 III	Prof. Dedekind – Braunschweig	100,-	[...]
31 III	Mathem. Seminar – Berlin [...]	531,65	[...]
1 IV	Prof. Hettner	100,-	[...]
7 IV	Prof. Mittag-Leffler	100,-	
	Frau Prof. Kowalewsky	100,-	
	Prof. Charles Hermite	100,-	[...]
17 IV	C. Itzigsohn	100,-	[...]
1 V	Prof. Dr. Fuchs hier	100,-	
	Ernst Reimer hier	100,-	[...]
22 V	Geh. Rath. Dr. W. Siemens	100,-	
	Prof. L. Kronecker	100,-	[...]
17 VI	Mathem. Verein – Berlin	203,-	
29 VI	Staatsrath Malmsten [...]	100,-	[...]

[Gesamteinnahme: 5013,39 RM]

Ausgaben.
1885
Novbr.	an Herrn Prof. Lürssen für		
	Ausführung der Marmorbüste	1800,-	
	des Postaments	250,-	
	für eine Form der Büste		
	zur Vervielfältigung	75,-	
	für eine goldene Medaille		
	mit Etui und ein Bronce-		
	Exemplar als Modell für		
	Abgüsse	1800,-	
	an Georg Halbe in Hamburg		
	für ein Album	200,-	[...]
1886			
Jan.	an Georg Halbe in Hamburg		
	für ein zweites Album	40,-	[...]

Das Gesamtergebnis der Sammlung zeigt übrigens, daß, entgegen einer Äußerung Mittag-Lefflers, etwa 28% der Summe von den ausländischen Spendern aufgebracht wurden.

In contrast to a statement of Mittag-Leffler, the final result of the collection shows that about 28% of the sum was contributed by foreign donors.

Inhaltsverzeichnis

Karl Weierstraß
    Kindheit und Jugend 2
    Der Lehrer Weierstraß 2
    Berlin 4

Das Album
    Entstehungsgeschichte 10
    Die Sammlung der Fotos beginnt 12
    Die Geburtstagsfeier 14

Briefe 18

Quellen und Literatur
    Quellen 24
    Literatur 25

Verzeichnis der Personen 26

Quellen zum Personenverzeichnis 57

Literatur zum Personenverzeichnis 58

Alphabetisches Personenverzeichnis 59

Die Porträts
Band 1 65
Band 2 111

Contents

Karl Weierstrass
    Childhood and Youth 3
    Weierstrass as a Teacher 3
    Berlin 5

The Album
    The Album's Background 11
    The Collection of the Photos Begins 13
    The Birthday Celebration 15

Letters 18

Sources and Bibliography
    Sources 24
    Bibliography 25

List of People Featured in the Album 26

Sources for the List of People 57

References for the List of People 58

List of People in Alphabetical Order 59

The Portraits
Volume 1 65
Volume 2 111

Ehrenalbum

dem Professor der Mathematik

Karl Weierstrass

zum 70 jährigen Geburtstag

am 31. Oktober 1885 überreicht.

Von Herrn Prof. Dr. Johannes Knoblauch

dem Kgl. Kupferstichkabinett geschenkt.

I

Karl Weierstraß

Kindheit und Jugend

Über seine Geburt erzählt Karl Weierstraß einmal folgende kleine Geschichte. Als sein 60. Geburtstag herannaht, geben Hermann Amandus Schwarz und seine Ehefrau Marie zu erkennen, ihm einen Besuch abstatten zu wollen. Weierstraß antwortet Marie Schwarz am 26. Oktober 1875, daß er darin einen Beweis erblicke, ihm eine Freude zu bereiten, fährt aber dann fort: „Wollen Sie mir aber gütigst verstatten, den Wunsch auszusprechen, daß mein lieber Freund und College mich zwar so bald als möglich mit seinem Besuche erfreuen möge, nicht aber am künftigen Sonntage und zu dem beabsichtigten Zweck. Das scheint zwar auf den ersten Blick keine sehr artige Antwort auf ein so freundliches Entgegenkommen zu sein – ich bitte aber meine Gründe zu hören. Zunächst gehört es zu meinen [...] Eigenthümlichkeiten, daß ich niemals meinen Geburtstag feiere, auch nicht im engsten Familienkreise." Nach den Erziehungsgrundsätzen seiner Eltern durfte in den Kindern „gar nicht die Einbildung geweckt werden und genährt werden, als ob dem Tage, wo sie das Licht der Welt erblickt, eine besondere Wichtigkeit beizulegen sei." Mit einem Augenzwinkern fügt er hinzu: „Dazu kommt, daß ich gar nicht weiß, wann mein Geburtstag ist; ich bin in der Nacht vom 31sten Oktober zum 1 November um die Mitternachtsstunde geboren; meine Mutter behauptete, einige Minuten nach 12 Uhr – damit ich ein Sonntagskind sei – mein Vater, der davon nichts wissen wollte, hat den 31sten Oktober in's Kirchenbuch eintragen lassen. Wofür soll ich als pietätvoller Sohn nun mich entscheiden? Ich lasse also besser die Frage ganz fallen." Nach dem Eintrag im Kirchenbuch ist Karl Weierstraß also am 31. Oktober 1815 in Ostenfelde, Kreis Warendorf, im Regierungsbezirk Münster geboren worden (der Tag fiel allerdings auf einen Dienstag, so daß in dem vorstehenden Zitat Weierstraß wohl auf den Feiertag Allerheiligen anspielt). Der Vater Wilhelm W. arbeitet als Sekretär beim Bürgermeister, ist später in verschiedenen Stellungen als Beamter im preußischen Steuerdienst tätig. Über die Mutter Theodora W., geb. von der Forst, ist fast nichts bekannt. Nach Karl werden 1820 der Bruder Peter, 1823 sowie 1826 die Schwestern Clara und Elise geboren. Schon bald nach der Geburt von Elise stirbt die Mutter im Alter von erst 36 Jahren. Der Vater verheiratet sich 1828 mit Maria Theresia Hölscher, einer Bauerntochter. Von 1829 bis 1834 besucht Karl das Gymnasium Theodorianum in Paderborn. Bereits nach 5 1/2 Jahren verläßt er die damals siebenklassige Schule als „Primus omnium", d. h. mit dem besten Zeugnis. Es gibt keinen Hinweis darauf, daß Karl als mathematisches Wunderkind aufgefallen wäre. Mit 15 Jahren soll er einer Kaufmannsfrau bei der Buchführung geholfen haben. Allerdings beschäftigt er sich schon als Schüler über den Unterrichtsstoff hinaus mit Integralrechnung und geometrischen Fragen. Er liest sogar Artikel im Crelleschen Journal, das in der Schulbibliothek geführt wurde. Das glänzend bestandene Abitur scheint die schönsten Zukunftsaussichten zu eröffnen. Auf Wunsch des Vaters nimmt Karl im Herbst 1834 das Studium der Kameralistik in Bonn auf, um sich auf den Eintritt in den höheren Staatsdienst vorzubereiten. Das nur aus Pflichtgefühl mit geringem Eifer betriebene Studium bricht er nach acht Semestern ohne Examen ab. Der Vater sieht seine hohen Erwartungen in Karl getäuscht.

Der Lehrer Weierstraß

Inzwischen war deutlich geworden, daß Karls Neigung der Mathematik galt. In Bonn hatte er mathematische Vorlesungen gehört. Hier stieß er auch auf das 1829 erschienene fundamentale Werk von Carl Gustav Jacob Jacobi (1804–1851) über elliptische Funktionen „Fundamenta nova theoriae functionum ellipticarum". Die zu der Zeit noch junge Theorie der neuartigen Funktionen hatte gerade erst in dem Wettstreit zwischen Niels Henrik Abel (1802–1829) und Jacobi eine gänzliche Umgestaltung erfahren. Die Theorie dieser Funktionen und ihre Verallgemeinerung, die Theorie der Abelschen Funktionen, wird einmal den zentralen Forschungsgegenstand im wissenschaftlichen Lebenswerk von Weierstraß bilden. Doch zunächst muß ein Ausweg für den verkrachten Studenten gefunden werden. Im Herbst 1838 nimmt er das Studium an der Akademischen Lehranstalt in Münster mit dem Ziel auf, den Lehrerberuf zu ergreifen. In den ersten zwei Semestern hört er vier, ausschließlich mathematische Vorlesungen bei Christof Gudermann (1798–1852) über elliptische Funktionen sowie über analytische Sphärik. Gudermann scheint nach Jacobi der erste gewesen zu sein, der Vorlesungen über die neuen Funktionen gehalten hat. Möglicherweise geht die erste Anregung für Weierstraß, den für seinen Aufbau der Funktionentheorie so fundamentalen Begriff der gleichmäßigen Konvergenz zu verwenden, auf die Gudermannschen Untersuchungen von Potenzreihen zurück. Im April 1841 finden die mündlichen Prüfungen zum Lehrerexamen ab. Wegen Mangel an naturwissenschaftlicher Bildung wäre der Kandidat Weierstraß beinahe durchgefallen. Die Münsteraner Prüfungskommission wendet sich an das Ministerium in Berlin und bittet um „hochgeneigte Belehrung", wie zu verfahren sei. Im Juni 1841 trifft von dort die Entschei-

Karl Weierstrass

Childhood and Youth

Karl Weierstrass once related the following anecdote about his birth. As his 60th birthday approached, Hermann Amandus Schwarz and his wife Marie announced their intention of paying him a visit. Weierstrass replied to Marie Schwarz on the 26th October 1875 that he realized the intention was to make him happy, but then continued "Would you be so kind as to forgive me for expressing the wish that my dear friend and colleague honours me with his company as soon as possible, rather than on the coming Sunday for the intended purpose. At first sight this does not seem a very courteous reply to such a friendly concession – I beg that you hear my reasons. Firstly, it is one of my [...] peculiarities that I never celebrate my birthday, not even with my close family." According to his parents' theories of upbringing, the children "should not be encouraged in the idea that the day where they first came into the world should have any particular importance attached to it." He adds with a wink,
"In addition, I don't even know when my birthday is; I was born around midnight, in the night from the 31st October to the 1st November; my mother claimed it was several minutes after 12 o'clock, so that I could be Sunday's child. However, my father, who didn't want to hear of such things, had the 31st October entered in the parish register. And so, for which should I now as a pious son decide? I prefer to simply drop the whole matter."
Thus, according to the entry in the parish register, Karl Weierstrass was born on the 31st October 1815 in Ostenfelde, in the district of Warendorf, under the administration of Münster (actually, this day was a Tuesday, and thus in the preceding quotation Weierstrass, is obviously referring to the Catholic holiday All Saints Day). His father Wilhelm Weierstrass was a secretary in the mayor's office, later being employed in various positions as an official for the Prussian Tax Authorities. Almost nothing is known about Karl's mother, Theodora Weierstrass, neé von der Forst. After Karl came brother Peter, born in 1820, and sisters Clara (1823) and Elise (1826). His mother died soon after Elise's birth at the age of only 36. His father then married Maria Theresia Hölscher, a farmer's daughter, in 1828.
Between 1829 and 1834 Karl attended the Gymnasium Theodorianum in Paderborn. After only 5 1/2 years he left the school, which at that time should have taken 7 years, as *Primus omnium*, i.e. with the best marks. There is, however, no sign that Karl stood out as a mathematical prodigy. At 15 he is meant to have helped a woman with the bookkeeping for her business. He was certainly even as a pupil concerned with integral calculus and geometrical questions beyond what was being taught. He even read articles in the *Crelle Journal*, which was in the school library. The *Abitur* (high-school leaving qualification), which he passed with flying colours, seemed to open up rosy prospects for the future. On his father's wish, Karl started studying in Bonn in the autumn of 1834, in order to prepare for entry into the higher ranks of the civil service. However, he put little effort into his studies, which he had only started out of feelings of duty, and he left after 8 semesters without taking any examinations. His father felt that his high expectations had been misplaced.

Weierstrass as a Teacher

In the meantime it had become clear that Karl had an inclination towards mathematics. In Bonn he had attended mathematics lectures. He also came across the fundamental 1829 work of Carl Gustav Jacob Jacobi (1804–1851) on the subject of elliptic functions "Fundamenta nova theoriae functionum ellipticarum". The theory, at that time still recent, of this new kind of functions had only just taken on a completely new shape in the competition between Niels Henrik Abel (1802–1829) and Jacobi. The theory of these functions and its generalization, the theory of Abelian functions, would later form the central area of research in Weierstrass's work. However, first a way out had to be found for the failed student. In autumn 1838 he started studying at the Academic Educational Establishment in Münster, with the aim of taking up a career as a teacher. In the first two semesters he attended four lectures, all mathematical, given by Christof Gudermann (1798–1852), on elliptic functions and analytic spherical geometry. Gudermann appears to have been the first person after Jacobi to have held lectures on the new functions. It is possible that the first stimulus for Weierstrass to use such a fundamental concept as uniform convergence in his development of function theory actually goes back to Gudermann's research on power series. In April 1841 the oral examinations for the teaching qualification took place. The candidate Weierstrass nearly failed on account of his deficient knowledge in the natural sciences. The Münster examination board applied to the ministry in Berlin with a request for "instructions from above" on how to proceed. In June 1841 it was announced that the

dung ein, dem Kandidaten in Anbetracht der ausgezeichneten Kenntnisse in Mathematik und recht befriedigender Leistungen in der mathematischen Physik, sowie der in den Probelektionen gezeigten Lehrbegabung ausnahmsweise die *bedingte facultas docendi* zu erteilen. Weierstraß' schriftliche Prüfungsarbeit war allerdings hervorragend ausgefallen. Gudermann schreibt, daß der Kandidat sich in der Theorie der elliptischen Funktionen „eine neue Bahn gebrochen" habe und „somit ebenbürtig mit in die Reihe der ruhmgekrönten Erfinder" eintrete und setzt hinzu: „Für ihn selbst und die Wissenschaft ist es aber gar nicht zu wünschen, daß er Gymnasiallehrer werde, sondern daß günstige Umstände es dereinst ihm gestatten möchten, als akademischer Dozent zu fungieren." Schon während des Probejahres in Münster entwickelt Weierstraß grundlegende Konzepte seines Aufbaus der Funktionentheorie wie beispielsweise das Prinzip der analytischen Fortsetzung mittels Potenzreihen. Die später als Satz von Laurent bekannte Aussage kennt er bereits ebenfalls. In den daraufffolgenden 13 Jahren ist Weierstraß als Lehrer in Deutsch-Krone (Westpreußen) und Braunsberg (Ostpreußen) tätig. Außer Mathematik und Physik gehören Deutsch, Botanik, Geographie, Geschichte, Turnen und kurze Zeit auch Schönschreiben zu seinen Unterrichtsfächern. In provinzieller Abgeschiedenheit, fernab von den Zentren der mathematischen Forschung, gelingt ihm schließlich die Lösung des 1832 von Jacobi formulierten Umkehrproblems für hyperelliptische Integrale. In einer Art Übersichtsbericht publiziert der Lehrer Weierstraß 1854 seine Ergebnisse im renommierten Crelleschen Journal. Eine Welle des Erstaunens und der Bewunderung ergreift die mathematische Fachwelt. Schlagartig wird sein Name bekannt. Die Universität Königsberg verleiht ihm im selben Jahr die Ehrendoktorwürde, schickt sogar eigens eine Abordnung zur Übergabe des Diploms nach Braunsberg – ein ungewöhnlicher Vorgang. Im Oktober 1855 wird ihm eine einjährige Freistellung zur wissenschaftlichen Arbeit gewährt, die Weierstraß zur weiteren Ausarbeitung einer Theorie der Abelschen Funktionen nutzt. Nach Braunsberg kehrt er nicht mehr zurück. Gudermanns Wunsch sollte sich nach all den Jahren doch noch realisieren.

Berlin

Weierstraß wird zum Professor an das Berliner Gewerbeinstitut, einer Vorläuferanstalt der späteren Technischen Hochschule (und heutigen Technischen Universität), berufen. Dabei hat auch der greise Alexander von Humboldt (1769–1859) ein weiteres Mal seinen Einfluß geltend gemacht. Im Juni 1856 erfolgt die offizielle Bestätigung. Bereits im Oktober desselben Jahres ist Weierstraß Extraordinarius an der Berliner Universität und wird im November zum ordentlichen Mitglied der Berliner Akademie gewählt. Weierstraß ist jetzt 41 Jahre alt. Spät steht er an der Schwelle seiner akademische Laufbahn. In den Folgejahren steigt er zu einem der ersten Mathematiker von Weltrang auf, begründet als hochgeachteter Ordinarius der Berliner Universität mit seinen Kollegen Kummer und Kronecker den Ruf Berlins als Zentrum der Mathematik in der zweiten Hälfte des vorigen Jahrhunderts. Auch der Vater von Weierstraß zieht nach Berlin nachdem 1858 seine zweite Ehefrau verstorben war. Bis zu seinem Tod im Jahr 1869 ist es ihm vergönnt, den Aufstieg seines Ältesten miterleben zu können. Die beiden Schwestern von Karl kommen ebenfalls hierher, wo sie gemeinsam mit ihm in einer Wohnung leben. Der Bruder Peter ist Alt- und Neusprachenlehrer in Deutsch-Krone. Alle vier Geschwister sind unverheiratet geblieben.

Größte Wirksamkeit erreichte Weierstraß durch seine Vorlesungen. Vieles von dem, was hier geboten wurde, war nirgends gedruckt, jüngste eigene Forschungsergebnisse gehörten dazu. Diese Vorlesungen wurden zu einem Anziehungspunkt für Studenten und bereits ausgebildete Mathematiker des In- und Auslandes. Die Fotos vieler von ihnen finden wir in dem Album wieder. Zu den ersten Hörern seiner Vorlesungen am Gewerbeinstitut gehört Meyer Hamburger, (später ist auch Schwarz hinzugekommen). Lazarus Fuchs und Leo Koenigsberger hören 1857 Weierstraß' erste Vorlesung über elliptische Funktionen an der Berliner Universität. In den etwa 30 Jahren seiner Lehrtätigkeit hält Weierstraß mit ziemlicher Regelmäßigkeit folgende Vorlesungen: Einleitung in die Theorie der analytischen Funktionen – Elliptische Funktionen – Abelsche Funktionen – Anwendung der elliptischen Funktionen – Variationsrechnung. Selbst zur anspruchsvollsten Vorlesung über die Theorie der Abelschen Funktionen hat es zuweilen 200 eingeschriebene Hörer gegeben. Ludwig Kiepert erinnert sich später an seinen Besuch dieser Vorlesung: „Als ich im Sommer 1869 die sechsstündige Vorlesung von Weierstraß über Abelsche Funktionen hörte, hatte ich mit einem guten Freunde vereinbart, daß er alles, was Weierstraß sagte, wörtlich, ohne Rücksicht auf den Sinn, stenographierte, während ich nur ganz kurze Notizen machte, aber wie ein Spürhund aufpaßte. Abends wurde dann der Vortrag gemeinschaftlich ausgearbeitet. Dabei hatten wir uns das Wort gegeben, uns nicht eher zu trennen, als bis die Ausarbeitung fertig wäre. Denn, wenn wir das nicht getan hätten, würden wir in der nächsten Vorlesung überhaupt nichts mehr verstanden haben. Wir haben da manches Mal bis um 2 Uhr in der Nacht zusammengearbeitet und 3 oder 4mal frischen Kaffee gekocht, um unsere Geister wach zu erhalten. Nur auf diese Weise konnten wir die Vorlesung bis zum Ende mit Nutzen besuchen." Carl Runge gehört ebenfalls zu den Hörern dieser Vorlesung. Zusammen mit seinen Freunden Max Planck und Adolf Hurwitz war er von München nach Berlin ge-

candidate should by way of exception receive the conditional *facultas docendi*, in the light of his excellent mathematical knowledge, satisfactory performance in mathematical physics and talent for teaching demonstrated in trial lessons. Weierstrass's written exam, however, turned out wonderfully. Gudermann wrote that the candidate had established himself in the theory of elliptic functions, and thus entered "the same level as a whole line of distinguished inventors", and he added, "It is not at all desirable, both for himself and for science, that he should become a *Gymnasium* teacher. Rather fortunate circumstances should at some time allow him to function as an academic lecturer."

Weierstrass had already during his trial year in Münster developed the basic concepts of his foundation of function theory, such as the principle of analytic continuation by means of power series. He was certainly already familiar with the statement later associated with the name of Laurent. In the 13 years following, Weierstrass worked as a teacher in Deutsch-Krone (West Prussia) and Braunsberg (East Prussia). In addition to mathematics and physics, he also taught German, botany, geography, history, sports, and for a short time also handwriting. In provincial seclusion, far from the centres of mathematical research, he finally succeeded in solving the inversion problem for hyperelliptic integrals, formulated in 1832 by Jacobi. Weierstrass published his results as a kind of summary in the renowned *Crelle Journal* in 1854. A wave of astonishment and wonder gripped the mathematical world. His name suddenly became well-known. The University of Königsberg granted him a honorary doctorate in the same year, and even sent a delegation to Braunsberg to hand over the diploma – an unusual occurrence. In October 1855 Weierstrass was granted leave for a year to do scientific research, time which he used for further development of a theory of Abelian functions. He never returned to Braunsberg. After so many years, Gudermann's wish would in fact be fulfilled.

Berlin

Weierstrass became a Professor at the Berlin *Gewerbeinstitut* (Institut of Trade), a forerunner of the later *Technische Hochschule* (nowadays the Technical University). The aged Alexander von Humboldt (1769–1859) had once more asserted his influence in the appointment. The official confirmation came in June 1856. Weierstrass became an Extraordinary Professor at Berlin University in October of the same year, and in November was voted a full member at the Berlin Academy. Thus, somewhat late – he was 41 years old – he stood on the threshhold of his academic career. In the years which followed he became a mathematician of world ranking, and, as a highly regarded *Ordinarius* with his colleagues Kummer and Kronecker, established the reputation of Berlin in the second half of the 19th Century as a centre of mathematics. Weierstrass's father moved to Berlin after his second wife had died in 1858. He thus had the chance to witness his eldest son's success. Karl's two sisters also came to Berlin, and lived together in a flat with him. His brother Peter taught ancient and modern languages in Deutsch-Krone. All four remained unmarried.

Weierstrass achieved most effectiveness from his lectures. Much of this material among which was his most recent research had not been published at that point. These lectures became a drawing-point for students and already qualified mathematicians both from Germany and elsewhere. Photos of many of these people appear in the album. One of the first to attend his lectures at the *Gewerbeinstitut* was Meyer Hamburger (Schwarz was later to join him). Lazarus Fuchs and Leo Koenigsberger attended Weierstrass's first lecture on elliptic functions at Berlin University in 1857. In the 30 or so years of his teaching career, Weierstrass held the following lectures fairly regularly: Introduction to the Theory of Analytic Functions; Elliptic Functions; Abelian Functions; Application of the Elliptic Functions; Calculus of Variations. Even the demanding lecture on the theory of Abelian functions was attended at times by 200 registered students. Ludwig Kiepert later recalled this lecture: "When I attended the six-hour lecture from Weierstrass in the summer of 1869, I had agreed with a good friend that he should write down everything that Weierstrass said word for word, without paying attention to the sense. In the meantime, I would make only short notes, but pay attention like a bloodhound. The lecture would then be prepared together in the evenings. We had promised ourselves that we should not part before the work was finished. If we had not done that, we would then in the next lecture have understood nothing at all. Occasionally we worked together until 2 in the morning, and made coffee three or four times to keep our minds alert. This was the only way we could have visited the lectures usefully." Carl Runge was also among those who attended the lectures. He had come from Munich to Berlin together with his friends Max Planck and

kommen, um hier im Wintersemester 1877/78 sein Studium fortzusetzen. Er begibt sich sogleich zu Weierstraß, um dessen Rat zu hören, ob es sinnvoll wäre, die Vorlesungen über Abelsche Funktionen zu besuchen. Runge schildert die Begegnung: „Er hörte mich aufmerksam an und erkundigte sich eingehend, was ich bis dahin getrieben und bei wem ich Infinitesimalrechnung gelernt hätte, und er riet mir dann ab. Ich sollte erst im Frühjahr mit dem neuen Zyklus seiner Vorlesungen mein Studium bei ihm beginnen. Ich war darüber einigermaßen niedergeschlagen, habe aber bald eingesehen, daß es das einzig Richtige war. Denn bei Weierstraß' eigenartiger Begründung der Funktionentheorie, über die so gut wie keine Publikationen existierten, wäre es mir kaum möglich gewesen, seine Vorlesungen über Abelsche Funktionen zu verstehen." Daneben liest Weierstraß auch über andere Themen, insbesondere über synthetische Geometrie (bis zum Sommersemester 1873). Es sind seine Vorlesungen, durch die die strenge Begründung der Analysis, die exakte Fassung ihrer Grundbegriffe wie Grenzwert, Konvergenz, Stetigkeit und Differenzierbarkeit, ihr konsequenter Aufbau mit Beweisen, die nicht den Schatten einer Lücke lassen, den Mathematikern bekannt wird. Die „Weierstraßsche Strenge" wird geradezu sprichwörtlich. Zur einwandfreien Grundlegung der Analysis bedarf es eines exakten Begriffes der reellen Zahl. Im Wintersemester 1863/64 trägt Weierstraß erstmals seine Theorie der reellen Zahlen vor, die fortan zu einem festen Bestandteil seiner Vorlesungen wird. Die nicht sehr stabile gesundheitliche Verfassung wie auch immer wieder sich einstellende Krankheiten erzwingen Unterbrechungen oder gar den Abbruch von Vorlesungen. Nach einem Schwächeanfall während einer Vorlesung im Dezember 1861 kann Weierstraß seine Lehrtätigkeit erst nach einer einjährigen Pause wieder aufnehmen. Er bleibt aber nun während des Vortrages sitzen, Studenten übernehmen das Anschreiben an der Tafel (beispielsweise gehören Ludwig Kiepert und aus unserem Album Richard Müller dazu). Als Weierstraß im Wintersemester 1862/63 wieder in der Lage ist, Vorlesungen zu halten, überrascht er seine Zuhörer mit der Neubegründung der Theorie der elliptischen Funktionen, an der er offenbar in der Zwischenzeit gearbeitet hatte. Die Grundlage seines Aufbaus bildet von nun an die der Weierstraßschen Normalform genügende $\wp$-Funktion, wie sie seitdem geläufig ist. Einer, der sowohl diese Vorlesung als auch die bereits erwähnte mit der ersten Behandlung des Zahlbegriffs gehört hat, ist Schwarz. Um ein Beispiel vom Ablauf des Studiums eines angehenden Mathematikers an der Berliner Universität zu jener Zeit zu geben, seien alle Vorlesungen angeführt, die Schwarz hier besucht hat:

WS 1860/61:
    Experimental-Physik (Dove)
    Meteorologie (Dove)
    Principien der chemischen Analysis (Schneider)
    Rhetorik (Maercker)

SS 1861:
    Experimental-Physik (Dove)
    Optische Instrumente (Dove)
    Numerische Gleichungen (Encke)
    Rhetorik (Maercker)
    Leben und Gebräuche der alten Ägypter (Lepsius)
WS 1861/62:
    Rhetorik und Poetik (Maercker)
    Lucrez über die Natur der Dinge (Maercker)
    Meteorologie (Dove)
    Ergebnisse der neueren Naturforschung (Du Bois-Reymond)
    Microscopische Beobachtungen (Foerster)
SS 1862:
    Analytische Geometrie (Kummer)
    Wahrscheinlichkeitsrechnung (Kummer)
    Farbenlehre (Dove)
    Methode der kleinsten Quadrate (Encke)
WS 1862/63:
    Zahlentheorie (Kummer)
    Elliptische Functionen (Weierstraß)
    Algebraische Gleichungen in der Analysis (Kronecker)
SS 1863:
    Logik (Trendelenburg)
    Complexe und ideale Zahlen (Kummer)
    Krumme Flächen und Curven doppelter Krümmung (Kummer)
    Anwendungen der elliptischen Functionen (Weierstraß)
    Abelsche Functionen (Weierstraß)
WS 1863/64:
    Psychologie (Trendelenburg)
    Geschichte der Philosophie (Trendelenburg)
    Analytische Mechanik (Kummer)
    Theorie der hypergeometrischen Reihe (Kummer)
    Theorie der analytischen Functionen (Weierstraß)
    Differential- und Integralrechnung (Ohm)
SS 1864:
    Synthetische Geometrie (Weierstraß)
    Theorie mehrdeutiger Functionen (Weierstraß)
WS 1864/65:
    Elliptische Functionen (Weierstraß)
SS 1865:
    Variationsrechnung (Weierstraß)
    Anwendungen der elliptischen Functionen (Weierstraß)
WS 1865/66:
    Psychologie (Trendelenburg)
    Geschichte der Philosophie (Trendelenburg)
    Theorie der analytischen Functionen (Weierstraß)
    Flächen vierten Grades (Kummer)
    Algebraische Gleichungen (Kronecker)
    Bestimmte Integrale (Fuchs)
(WS = Wintersemester, SS = Sommersemester)

Adolf Hurwitz in order to continue studying in the winter semester 1877/78. He immediately sought Weierstrass's advice on whether it would be sensible to attend the lectures on Abelian functions. Runge described the encounter: "He listened attentively, and asked me detailed questions about what I had done up to then and by whom I had studied infinitesimal calculus. He then adviced me against the lectures. I should first start studying with him in spring with his new lecture series. I was somewhat despondent about this, but soon realized that it was the only thing to be done. Weierstrass's foundation of function theory, about which virtually nothing had been published, was so peculiar that it would hardly have been possible to understand his lectures on Abelian functions." Weierstrass also gave lectures on other subjects, especially on synthetic geometry (until summer semester 1873). It is through his lectures that the strict foundation of analysis, its exact control over basic concepts like limits, convergence, continuity and differentiability, and its systematic construction with watertight proofs, became known to mathematicians. The "Weierstrassian rigour" became legendary. Flawless laying of the foundations for analysis required an exact concept of the real number. In the winter semester 1863/64 Weierstrass presented his theory of real numbers for the first time, which from then on became a fixed component of his lectures.

His unstable state of health and his recurring bouts of illness necessitated breaks in lectures, or even their complete abandonment. After an attack of faintness during a lecture in December 1861 he was only able to continue teaching after a year-long break. From then on he remained sitting during lectures, with students responsible for writing on the board (among whom were Ludwig Kiepert and Richard Müller (the picture of the latter is to be found in the album)).

When Weierstrass was once more in a position to hold lectures in the winter semester 1862/63, he surprised his audience with the new foundation of the theory of elliptic functions, which he had obviously been working on in the interval. The basis of his construction formed from then on Weierstrass's ℘-function satisfying the equation which became known as normal form. Schwarz was one of those who attended both this lecture and the one already mentioned above, where the notion of real number was treated for the first time. In order to give an example of a prospective mathematician's course of study at Berlin University in those days, the lectures which Schwarz attended are listed here:

WS 1860/61:
  Experimental Physics (Dove)
  Meteorology (Dove)
  Principles of Chemical Analysis (Schneider)
  Rhetoric (Maercker)

SS 1861:
  Experimental Physics (Dove)
  Optical Instruments (Dove)
  Numerical Equations (Encke)
  Rhetoric (Maercker)
  Life and Customs of the Ancient Egyptians (Lepsius)

WS 1861/62:
  Rhetoric and Poetics (Maercker)
  Lucretius on the Nature of Things (Maercker)
  Meteorology (Dove)
  Results of Recent Nature Research (Du Bois-Reymond)
  Microscopical Observations (Foerster)

SS 1862:
  Analytical Geometry (Kummer)
  Probability Theory (Kummer)
  Colour Theory (Dove)
  Method of Least Squares (Encke)

WS 1862/63:
  Number Theory (Kummer)
  Elliptic Functions (Weierstrass)
  Algebraic Equations in Analysis (Kronecker)

SS 1863:
  Logic (Trendelenburg)
  Complex and Ideal Numbers (Kummer)
  Curved Surfaces and Curves of Double Curvature (Kummer)
  Applications of Elliptic Functions (Weierstrass)
  Abelian Functions (Weierstrass)

WS 1863/64:
  Psychology (Trendelenburg)
  History of Philosophy (Trendelenburg)
  Analytical Mechanics (Kummer)
  Theory of Hypergeometric Series (Kummer)
  Theory of Analytic Functions (Weierstrass)
  Differential and Integral Calculus (Ohm)

SS 1864:
  Synthetic Geometry (Weierstrass)
  Theory of Many-valued Functions (Weierstrass)

WS 1864/65:
  Elliptic Functions (Weierstrass)

SS 1865:
  Calculus of Variations (Weierstrass)
  Applications of Elliptic Functions (Weierstrass)

WS 1865/66:
  Psychology (Trendelenburg)
  History of Philosophy (Trendelenburg)
  Theory of Analytic Functions (Weierstrass)
  Surfaces of the Fourth Degree (Kummer)
  Algebraic Equations (Kronecker)
  Definite Integrals (Fuchs)

(WS = winter semester, SS = sommer semester).

Zur weiteren Verbreitung der Weierstraßschen Mathematik trugen zahlreiche Nachschriften bei, die von seinen Vorlesungen angefertigt wurden. Denn publiziert hat Weierstraß seine Resultate nur zu einem kleinen Teil. Wieder und wieder ist manches Manuskript überarbeitet worden, ehe er sich zur Publikation entschließen konnte. Von seinen wissenschaftlichen Grundsätzen erfahren wir in einem seiner Briefe an Kowalewskaja: „was ich aber von einer wissenschaftlichen Arbeit verlange, ist Einheit der Methode, consequente Verfolgung eines bestimmten Plans, gehörige Durcharbeitung des Details und – daß ihr der Stempel selbständiger Forschung aufgeprägt sei." Sofja Kowalewskaja war im Herbst 1870 nach Berlin gekommen, um auf Empfehlung von Koenigsberger ihr in Heidelberg begonnenes Studium bei Weierstraß fortzusetzen. Doch die junge Russin erhielt keine Genehmigung zum Besuch der Universitätsvorlesungen. Wegen ihrer außergewöhnlichen Begabung bot Weierstraß ihr als Ausweg Privatunterricht an. So blieb sie bis zu ihrer Promotion im Sommer 1874 (in Göttingen) in Berlin und wurde seine Schülerin und vertraute Freundin. Zahlreiche Briefe haben sie gewechselt, die Zeugnis ablegen von jener Verbindung, die in der Wissenschaftsgeschichte ihresgleichen sucht. Weierstraß kann mit Freude und Stolz erleben, wie sie später in Stockholm als erste Frau zur Mathematikprofessorin berufen wird, es bleibt ihm aber auch der schwere Verlust nicht erspart, den ihr unerwarteter Tod mit gerade erst 41 Jahren ihm bereitet. Maßgeblichen Anteil an der Berufung Kowalewskajas hatte Gösta Mittag-Leffler, Inhaber des 1881 eingerichteten Lehrstuhls für Mathematik an der noch jungen Stockholmer Hochschule. Nach seiner Promotion (1872) war er mit einem Stipendium ausgezeichnet worden, das ihm einen dreijährigen Studienaufenthalt im Ausland ermöglichte. Zunächst begab er sich nach Paris, wo ihn Charles Hermite, der große Mann der französischen Mathematik, mit den Worten empfing: „Sie haben einen Fehler begangen, Monsieur. Sie hätten Vorlesungen von Weierstraß in Berlin hören sollen. Er ist unser aller Meister." Tatsächlich kam Mittag-Leffler im Herbst 1874 nach Berlin, hörte drei Semester Vorlesungen bei Weierstraß. Diese Studienzeit prägte nachhaltig Mittag-Lefflers eigene spätere wissenschaftliche Arbeit. Er wird einer der treuesten Schüler und Verehrer von Weierstraß. Er ist es vor allem, der die Mathematik seines Lehrers in die skandinavischen Länder trägt. Sein Leben lang wird er nicht müde, das Andenken an Weierstraß hoch zu halten. Durch den passionierten Sammler von Weierstrassiana hat vieles die Zeiten überdauern können, was sonst wohl unwiederbringlich verloren wäre. Immer ist Mittag-Leffler zur Stelle, wenn es um Kowalewskajas Tätigkeit und Stellung in Stockholm geht.

In den 80er Jahren spitzt sich die Kontroverse zwischen Weierstraß und Kronecker zu. Das Band der Freundschaft, das zwischen beiden mehr als zwanzig Jahren bestanden hatte, ist endgültig durchtrennt. In grundsätzlichen Fragen der Einbeziehung des Unendlichen werden gegensätzliche Standpunkte eingenommen. Für Kronecker sind mathematische Begriffe und Schlußweisen erst dann zulässig, wenn sie durch konstruktive nur *endlich* viele Schritte erfordernde Verfahren beschrieben werden können. Er lehnt daher beispielsweise den *allgemeinen* Begriff einer Potenzreihe ab. Oder: die Einführung des Begriffs der Irreduzibilität von Polynomen wird nur akzeptiert, wenn zugleich ein Verfahren angegeben wird, das nach endlich vielen Schritten zu entscheiden gestattet, ob ein beliebig vorgegebenes Polynom irreduzibel ist oder nicht. Es ist klar, daß er damit im Widerspruch zur Weierstraßschen Begründung der Analysis steht (man könnte geradezu sagen, Weierstraß' Funktionentheorie ist eine Theorie über allgemeine Potenzreihen). Keine Frage, daß Kronecker mit diesem Grundansatz der in der Entstehung begriffenen Mengenlehre Georg Cantors ebenfalls nur ablehnend gegenüberstehen konnte (1874 hatte Cantor seinen Beweis der Nichtabzählbarkeit der Menge der reellen Zahlen veröffentlicht). Es gibt aber auch rein persönliche Gründe, die in dieser Phase der Beziehung zwischen Weierstraß und Kronecker eine beträchtliche Rolle spielen. König Oscar II. von Schweden und Norwegen (1829–1907) hatte zu seinem 60. Geburtstag einen mathematischen Wettbewerb ausgeschrieben und mit der Durchführung Weierstraß, Hermite und Mittag-Leffler betraut. Kronecker war gekränkt und empört, daß man ihn bei dieser Gelegenheit nicht berücksichtigt hatte. Er kündigte Mittag-Leffler an, den König über den „wahren Zustand" in der Mathematik zu unterrichten, niemand der gegenwärtigen Mathematiker habe auch nur im entfernten Maße die Kompetenz in algebraischen Fragen, die er sich durch seine Lebensarbeit erworben habe. Weierstraß empfindet die Form der Auseinandersetzungen zuweilen als verletzend. Er hat sich öffentlich zur Kontroverse mit Kronecker nie geäußert, obwohl er es mehrfach vorhatte. Die Sorge um den Fortbestand seines Werkes überschattet die ihm verbleibenden Jahre seines Lebens. Er beginnt mit Unterstützung einiger Kollegen an der Gesamtausgabe seiner Abhandlungen und Vorlesungen zu arbeiten. Bis 1927 erscheinen in unterschiedlichen Abständen insgesamt sieben Bände, die ersten beiden noch zu seinen Lebzeiten. Die letzten drei Lebensjahre muß Weierstraß im Rollstuhl zubringen. 1896 stirbt seine Schwester Clara. Im darauffolgenden Jahr stirbt Weierstraß am 19. Februar 1897 in Berlin an den Folgen einer Lungenentzündung. Bald danach folgt 1898 auch Elise ihren Geschwistern ins Grab. Nach dem Tod von Kronecker (1891) und Kummer (1893) ging mit Weierstraß eine Ära der Mathematik in Berlin zu Ende.

Weierstrassian mathematics was further spread by numerous series of notes which had been made from the lectures, as Weierstrass had only published a small part of his results. Time after time he would rework a manuscript before he was able to make the decision to have it published. In one of his letters to Kovalevskaya we learn the following about his scientific foundations,

"What I insist on in scientific research is unity of method, the systematic pursuit of a certain plan, the appropriate following through of the details and – that the work carries the mark of independent research."

Sofya Kovalevskaya had come to Berlin on recommendation of Koenigsberger in the autumn of 1870 in order to continue the studies she had started in Heidelberg. However, the young Russian was not permitted to attend university lectures. On account of her exceptional talent Weierstrass offered her private tuition as a last option. Thus she remained in Berlin until gaining her doctorate in the summer of 1874 (in Göttingen), and became Weierstrass's student and close friend. They exchanged numerous letters, the record of a relationship which is difficult to find elsewhere in the history of science. Weierstrass was to experience pleasure and pride as, at Stockholm, she became the first woman to be appointed a professor of mathematics, but also was not spared the heavy loss of her unexpected death at the age of just 41.

Gösta Mittag-Leffler, holder of the chair of mathematics founded in 1881 at the still young Stockholm Högskola, played a decisive role in Kovalevskaya's appointment. After gaining his doctorate (1872) he had been awarded a grant which enabled him to study for three years abroad. He first went to Paris, where Charles Hermite, the great man of French mathematics, greated him with the words, "You have made a mistake, Monsieur, you should have gone to Berlin to attend Weierstrass's lectures. He is the master of all of us." Thus Mittag-Leffler did for three semesters when he came to Berlin in the autumn of 1874. This time of study had a lasting effect on Mittag-Leffler's own later scientific research. He became one of Weierstrass's most loyal students and admirers. More than anyone else he took his teacher's mathematics to the Scandinavian countries. Throughout his life he never tired of ensuring that Weierstrass's memory was held in high regard. Thanks to this passionate collector of Weierstrass's memorabilia, much has survived which would otherwise have become lost. Mittag-Leffler was always ready to intervene where Kovalevskaya's position and work in Stockholm was concerned.

In the 1880's, the conflict between Weierstrass and Kronecker became more acute. Their friendship, which had lasted more than twenty years, ended once and for all. Opposing positions were adopted in basic questions of how to include the infinite. For Kronecker, mathematical concepts and deductions are only admissible if they can be described through constructive procedures requiring only a *finite number of steps*. Thus he rejects, for example, the general concept of a power series. Or: the introduction of the concept of irreducibility of polynomials is only acceptable if, at the same time, a procedure is introduced which allows after a finite number of steps the decision whether an arbitrarily given polynomial is irreducible or not. It is thus clear that this conflicts with Weierstrass's foundation of analysis (it could be said that Weierstrass's function theory is a theory of general power series). There is no doubt that Kronecker was bound to oppose this (in 1874 Cantor had published his proof that the set of real numbers is not countable). There were, however, also purely personal reasons in this part of Weierstrass's and Kronecker's relationship which played a significant role. King Oscar II of Sweden and Norway (1829–1907) had on the occasion of his 60th birthday announced a mathematics competition, and entrusted Weierstrass, Hermite and Mittag-Leffler with its implementation. Kronecker was hurt and outraged that he had not been considered in the matter. He announced to Mittag-Leffler his intention of revealing the "true state" of mathematics to the King – that no contemporary mathematician could match him for competence in matters of algebra, to which he had devoted his life's work.

Weierstrass found the conflict at times hurtful. He had never publicly commented on the argument with Kronecker, although he intended to many times. The worry about the continuation of his work overshadowed the remaining years of his life. With the support of several colleagues, he began work on the complete edition of his treatises and lectures. Up to 1927, with varying intervals seven volumes appeared, two of them during his lifetime. Weierstrass spent the last three years of his life in a wheelchair. His sister Clara died in 1896. In the following year Weierstrass died on 19th February in Berlin as the result of pneumonia. Soon afterwards in 1898 Elise followed them both into the grave. Thus, with the death of Weierstrass, following that of Kronecker (1891) and Kummer (1893), an era of mathematics in Berlin had come to an end.

Das Album

Entstehungsgeschichte

Die Idee, Weierstraß ein Fotoalbum zu überreichen, scheint erst relativ spät im Sommer 1885 entstanden zu sein. Mit den Vorbereitungen für den Geburtstag am 31. Oktober 1885 hatte man aber schon viel früher, spätestens in der Mitte des Jahres 1884 begonnen. Von Mittag-Leffler wurde der Vorschlag unterbreitet, eine Weierstraß-Büste anfertigen zu lassen. Es schien ratsam, zur Beförderung der Angelegenheit ein Komitee zu gründen. Man ist sich nicht sicher, ob Mittag-Lefflers Projekt auch realisierbar sei. Im August 1884 wird daher ein Kostenvoranschlag für die Herstellung einer Medaille eingeholt. Den Wunsch, eine Medaille herstellen zu lassen, spricht Schwarz wenig später im Oktober Kronecker und Lazarus Fuchs gegenüber aus. Schließlich wird auch ein Festkomitee gegründet, das unter der Leitung von Fuchs steht. Cantor unterstützt den Vorschlag Mittag-Lefflers und wiederholt ihm gegenüber seine Bitte, den ins Auge gefaßten Plan nicht aufzugeben, sondern mit Unterstützung der ausländischen Freunde und Verehrer von Weierstraß zu realisieren versuchen. Cantor fände es sogar „sehr erfreulich", wenn die Büste ohne Beteiligung der „Berliner Herren Fuchs, Königsberger und [...] des Herrn Chevalier de Méré [gemeint ist Kronecker]" zustande käme. Demonstrativ unterstützt Cantor das Vorhaben mit dem ansehnlichen Betrag von 100 Mark. Kowalewskaja befindet sich am Ausgang dieses Jahres gerade in Berlin. Bedeutsame Ereignisse lagen hinter ihr. Am 30. Januar 1884 hatte sie ihre erste Vorlesung an der Stockholmer Hochschule gehalten und war dort am 28. Juni (zunächst befristet auf fünf Jahre) zur Professorin für höhere Analysis berufen worden. Hier in Berlin spricht sie im Dezember 1884 mit Kronecker über den Vorschlag Mittag-Lefflers. Kronecker hat keine prinzipiellen Einwände, wüßte auch einen Bildhauer, der eine Marmorbüste zu einem Mindestpreis von 1200 Mark anfertigen würde. Cantor sieht die Angelegenheit nicht in den rechten Händen, er müsse die Situation fast „als hochkomisch bezeichnen, wenn es nicht in sofern tragisch wäre, als zu befürchten steht, dass diese Angelegenheit, wie Alles was Herr Kron[ecker] im Namen der Freundschaft in die Hand nimmt, verpfuscht wird." Noch ist nicht gesichert, ob die notwendigen Mittel überhaupt aufgebracht werden können. Cantor möchte daher bei der geplanten Sammlung das Ausland mit einbeziehen. Auch Mittag-Leffler nutzt seine Aufenthalte in Frankreich und Italien, um dort die Bereitschaft zur Beteiligung an dem Projekt zu erkunden. Sollte sich der erhoffte pekuniäre Erfolg nicht einstellen, so hätte man sich mit weniger begnügen müssen und etwa die Anfertigung einer Medaille ins Auge gefaßt. Mittag-Lefflers Bemühungen sind nicht vergebens. Noch im Januar 1885 schickt Hermite aus Paris 160 Mark an Mittag-Leffler (davon allein 100 Mark von ihm selbst). In Italien gehören Eugenio Beltrami (1835–1900) und Felice Casorati ebenfalls zu den Spendern.

Inzwischen hatte Fuchs noch im Dezember 1884 einen Aufruf an verschiedene Mathematiker mit der Bitte um Unterzeichnung verschickt, um diesen dann für die Geldeinsammlung zu verteilen. Auch Kowalewskaja, Cantor und Mittag-Leffler wurden um ihre Unterschrift gebeten. Jedoch unterschreibt Cantor nicht. In seiner Antwort an Fuchs vom 30. Dezember 1884 gibt er an, daß er schon zusammen mit Mittag-Leffler seit zwei Wochen „einen etwas von dem Ihrigen verschiedenen, jedoch sehr wohl damit vereinbarlichen Plan" verfolge. In einem noch am gleichen Tag verfaßten Brief an Kowalewskaja spricht Cantor seine Gründe offen aus: der „Aufruf ist in meinen Augen so kalt, farblos, wässerig, nichtssagend und misserfolgversprechend abgefaßt, daß ich nicht begreifen kann, wie man damit ein solches Ziel glaubt erreichen zu können." Vielleicht könne Kowalewskaja einen Einfluß dahingehend ausüben, daß in dem Aufruf Weierstraß' Verdienste in gebührender Weise gewürdigt werden (Kowalewskaja befand sich, wie schon erwähnt, in Berlin). Schon einen Tag später berichtet sie Mittag-Leffler von dem Cantorschen Brief. Im Grunde stimmt sie Cantor zu. Auch sie will vorerst nichts unterschreiben und zunächst Mittag-Lefflers Ansicht kennenlernen. Sie befürchtet, daß die Vorbereitungen für Weierstraß' Geburtstag Anlaß zu Feindseligkeiten zwischen einzelnen deutschen Mathematikern geben könnten, und so von dem Gedanken, Weierstraß eine Freude zu bereiten, am Ende nur Ärger und Verdruß übrigblieben. Manchen unangenehmen Eindruck hatte Kowalewskaja in den letzten beiden Dezemberwochen in Berlin empfangen und wäre fast schon zu Mittag-Leffler nach Paris abgereist, wenn nicht etwas Außergewöhnliches eingetreten wäre: vom Senat der Berliner Universität war ihr die Genehmigung zum Besuch der Vorlesungen erteilt worden! Nun endlich! Denn als sie im Herbst 1870 nach Berlin kam, um hier ihre Studien fortzusetzen, blieben alle Versuche, eine solche Genehmigung zu erhalten, erfolglos, so daß Weierstraß ihr schließlich als Ausweg anbot, bei ihm Privatunterricht zu nehmen. So blieb sie bis zum Sommer 1874 in Berlin und wurde seine vertraute Schülerin und Freundin. Postwendend trifft Kowalewskajas Antwort schon am 1. Januar 1885 bei Cantor ein. Sie äußert ihre Bedenken gegen die Art, wie Cantor Fuchs geantwortet habe und spricht ihre allgemeinen Befürchtungen aus, die Cantor jedoch für un-

The Album

The Album's Background

The idea to give Weierstrass a photo album seems to have first emerged relatively late in the summer of 1885. The birthday preparations had begun much earlier – at the latest in the middle of 1884. Mittag-Leffler proposed that a bust of Weierstrass should be commissioned. It seemed advisable to form a committee to provide support in the matter. It was, however, uncertain if Mittag-Leffler's plan would be feasible. Therefore, in August 1884 an estimate for the production of a medal was sought. Soon afterwards, in October, Schwarz had told Kronecker and Lazarus Fuchs of his wish for a medal. Finally, a committee for the celebration was formed, to be headed by Fuchs. Cantor supported Mittag-Leffler's suggestion and pleaded once more not to give up the idea, but rather to enlist the support of Weierstrass's foreign friends and admirers in putting the project into effect. Cantor would indeed have found it "extremely pleasing" if the plan had been carried out without the participation of the "Berlin Gentlemen Fuchs, Königsberger and [...] Mr. Chevalier de Méré [meaning Kronecker]". He demonstratively supported Cantor's plan with the substantial contribution of 100 Marks. Kovalevskaya happened to be staying just in Berlin at the end of 1884. Important events lay behind her. She had held her first lecture at the Stockholm Högskola on the 30th January 1884, and was offered a five year professorship in Higher Analysis on the 28th June. She discussed Mittag-Leffler's suggestion with Kronecker in December of that year in Berlin. Kronecker had no objections in principle, and even knew a sculptor who would do the bust for a minimum fee of 1200 Marks. Cantor did not think the matter was in good hands – the situation could almost "be described as highly comical, if it weren't so tragic that it must be feared the matter, like everything Mr. Kron[ecker] takes in hand under the guise of friendship, will be messed up". It wasn't even certain if it would be possible to get the necessary means together. Thus, Cantor wanted to include foreign countries in the planned collection. Mittag-Leffler used visits to France and Italy to enquire about readiness to participate in the project. If the hoped-for pecuniary success were not to happen, they would have to content themselves with something less, for example a medal. Mittag-Leffler's efforts were not in vain. As late as January 1885, Charles Hermite sent 160 Marks from Paris to Mittag-Leffler (100 Marks alone being from himself). Beltrami (1835–1900) and Casorati were among the donors in Italy.

In the meantime Fuchs had sent out an appeal to various mathematicians, requesting signatures which would then be distributed to aid the money collection. Kovalevskaya, Cantor and Mittag-Leffler were also asked to sign. Cantor, however, did not add his name. In his answer to Fuchs on the 30th December 1884 he stated that for the last two weeks he had been following with Mittag-Leffler "a plan which is somewhat different from yours, and yet probably very compatible". In a letter written to Kovalevskaya on the same day, Cantor states his reasons clearly: the "appeal is, to my mind, so cold, colourless, watery, meaningless and drawn up in a way doomed to failure, that I can't conceive how people could think that it might enable a goal like this to be reached". Perhaps Kovalevskaya (who was at the time, as already mentioned, in Berlin) would be able to casually exercise some influence so that Weierstrass's merits be recognized in a fitting manner? Just one day later she told Mittag-Leffler of Cantor's letter. She basically agreed with Cantor. She too did not want to sign at that point, wanting first to get acquainted with Mittag-Leffler's point of view. She feared that the preparations for Weierstrass's birthday could lead to hostilities between individual German mathematicians, and out of the idea of making Weierstrass happy would remain only anger and discontentment. Kovalevskaya had had some unpleasant impressions of Berlin in the last fortnight of December, and would possibly even have travelled to Mittag-Leffler in Paris if something extraordinary had not happened: the Senate of Berlin University granted her permission to attend lectures! Finally! When she had come to Berlin in the autumn of 1870 to continue her studies, all attempts to obtain the authorization had been unsuccessful. Eventually, as a last resort, Weierstrass had offered to give her private lessons. She stayed in Berlin until Summer 1874 and became his trusted student and friend. Kovalevskaya's answer reached Cantor on the 1st January 1885, by return of post. She expressed daubt about the way in which Cantor had answered Fuchs, and wrote of her more general fears. These were, however, dismissed by Cantor as unfounded.

begründet hält.

Welche Änderungen an dem ursprünglichen Aufruf tatsächlich vorgenommen wurden, muß hier dahingestellt bleiben. Anfang Februar 1885 jedenfalls erhält Kowalewskaja von Fuchs 25 Exemplare desselben mit der Bitte, diesen insbesondere an die Mathematiker in Rußland weiterzuleiten. Kowalewskaja hatte bereits Verbindung zu Alexander W. Wassiljew in Kasan aufgenommen. Was Rußland betraf, war er die Kontaktperson. Während eines Auslandsaufenthaltes nach dem Studium war er auch in Berlin gewesen und hatte Vorlesungen bei Weierstraß und Kronecker gehört. Wassiljew ließ einen entsprechenden Aufruf drucken. Zu verschiedenen russischen Mathematikern nahm er Verbindung auf, um an jeder Universität jemand zu finden, der bereit war, sich der Geldeinsammlung anzunehmen: Ju. W. Sochozki (1842–1927) in St. Petersburg, N. W. Bugajew in Moskau, W. P. Jermakow (1845–1922) in Kiew, I. W. Sleschinski (1854–1931) in Odessa. Die Spenden sollten an Fuchs geschickt werden. Wassiljew gab aber auch Kowalewskajas Adresse an, da viele Landsleute es besonders gern sehen würden, wenn ihr Beitrag für das Weierstraß-Geschenk durch die „berühmte russische Schülerin" des Jubilars seiner Bestimmung zugeführt würde.

Die Sammlung wird ein Erfolg. Im April beginnen die Sitzungen im Atelier des Bildhauers E. A. Luerssen (1840–1891). Die Geldmittel sind so reichlich geflossen, daß bereits zu diesem Zeitpunkt zusätzlich die Idee aus dem Vorjahr aufgegriffen wird, eine Medaille anfertigen zu lassen. Vielleicht auch unter dem Eindruck der vielen Sitzungen (insgesamt 12) schreibt Weierstraß seiner Schülerin am 16. Mai: „Wie ich erfahre, gehörst Du auch zu den Verschworenen, die mich am k[ommenden] 31 October daran erinnern wollen, daß ich bereits zu denen gehöre, welche der Versteinerung anheimfallen. Ich füge mich in mein Schicksal – wie ich glaube, wird die Büste gut." Mittag-Leffler plant, ein Porträt von Weierstraß in den *Acta mathematica* drucken zu lassen. Da es eine Überraschung für Weierstraß werden soll, bittet er Kowalewskaja, sich mit Weierstraß' Schwestern Clara und Elise in Verbindung zu setzen, um von ihnen zu hören, ob sie glauben, daß ihr Bruder nichts gegen einen solchen Abdruck einzuwenden hätte. Elise antwortet am 14. Juni, sie und Clara seien der Ansicht, daß ihr Bruder „sich durch jedes Zeichen freundlicher Anerkennung, was von der Seite kommt, erfreut und geehrt fühlen wird". Das Bildnis erscheint dann auch im 7. Band der *Acta*.

Die Sammlung der Fotos beginnt

Durch die Spendensammlung waren 5000–6000 Mark zusammengekommen, eine stattliche Summe. Da blieb noch Geld, um außer Büste und Medaille an ein weiteres Geschenk für Weierstraß zu denken. Jetzt erst (wohl im Juni) scheint die Idee entstanden zu sein, dem Jubilar ein Fotoalbum mit den Bildnissen seiner Schüler, Freunde und Kollegen überreichen zu wollen. Die Hauptlast der Realisierung dieses Vorhabens liegt in den Händen von Carl Itzigsohn, möglicherweise geht die ganze Idee sogar auf ihn zurück. Zu seiner Person haben sich nur wenige Spuren finden lassen. Weierstraß äußert einmal über ihn, er sei „ein merkwürdiger Mensch, der im Wohnungsanzeiger als 'Kaufmann, Agent und Mathematiker' figurirt und seit zwanzig Jahren jede meiner Vorlesungen besucht, darunter eine zehnmal gehört hat und noch immer etwas zu profitiren behauptet". Vom Wintersemester 1868/69 bis zum Sommersemester 1870 war er als Student an der Berliner Universität immatrikuliert und gehörte ebenfalls dem Berliner Mathematischen Verein an (1869–1870). Er ist Weierstraß auch bei der Erledigung ganz praktischer Aufgaben behilflich, hilft z.B. beim Packen oder unterstützt ihn bei den 1886 erschienenen „Abhandlungen aus der Functionenlehre". Da Kowalewskaja Mitglied des Festkomitees ist, wendet sich Itzigsohn am 1. Juli an sie mit der Anfrage, ob sie einverstanden ist, daß die Kosten für das Album aus den Spendenmitteln bestritten werden. Falls die vorhandenen Mittel nicht ausreichen sollten, ist Itzigsohn zur Übernahme der verbleibenden Kosten bereit. Ebenso wird Mittag-Leffler in einem vom gleichen Tag datierten Brief um sein Einverständnis gebeten. Beide sind einverstanden. Mittag-Leffler bietet zugleich seine Unterstützung bei der Einsammlung der Fotos an. Die Mittel sollen in der folgenden Reihenfolge ausgegeben werden: 1. Marmorbüste; 2. Medaille aus Gold; 3. Fotoalbum; 4. Herstellung einer Form, von der Interessenten einen Gipsabguß käuflich erwerben können. Nachdrücklich wandte er sich gegen die „deutsche Idee", daß jeder Spender einen Abguß der Medaille gratis erhalten solle. Auf wen Mittag-Leffler sich dabei bezieht, muß dahingestellt bleiben. Jedenfalls spricht Itzigsohn bereits in dem schon erwähnten Brief vom 1. Juli an Mittag-Leffler seine Ansicht dahingehend aus, daß die Abgüsse nicht gratis, sondern gegen Kostenerstattung abgegeben werden sollten. Mittag-Leffler äußerte in diesem Zusammenhang, er sei überzeugt davon, daß die Ausländer 2/3 des Gesamtbetrages aufgebracht hätten, während von den Deutschen nur je 5 Mark gegeben worden wären, die nun auch noch dafür als Kompensation einen kostenlosen Abguß erhalten wollen.

Bis Anfang August haben die meisten Mitglieder des Festkomitees sich für das Fotoalbum ausgesprochen. Die Sache ist nun beschlossen. Der Berliner Mathematische Verein kümmert sich um die Einsammlung der Fotos innerhalb ganz Deutschlands. Für Rußland erhält Wassiljew von Itzigsohn entsprechende Rundschreiben zur Verteilung, ebenso Mittag-Leffler für Skandinavien. Itzigsohn erkundigt sich im August bei Mittag-Leffler, wen man in

It remains unclear which changes to the original appeal were actually adopted. However, what is certain is that at the beginning of February 1885 Kovalevskaya received 25 copies from Fuchs, who requested that they should be sent in particular to mathematicians in Russia. Kovalevskaya had already got in touch with Aleksandr V. Vasilev in Kazan. Thus, as far as Russia was concerned, he was the contact person. He had visited Berlin during a trip abroad following his studies, and had attended lectures given by Weierstrass and Kronecker. Vasilev had a similar Russian appeal printed. He got in contact with various Russian mathematicians, in order to find one person from each university who would be prepared to organize the collection. Iu. V. Sokhotskii (1842–1927) in St. Petersburg, N. V. Bugaev in Moscow, V. P. Ermakov (1845–1922) in Kiev, I. V. Sleshinskii (1854–1931) in Odessa. The donations were to be sent to Fuchs. However, Vasilev also gave Kovalevslaya's address, as many fellow Russians would be particularly pleased to see their contribution towards Weierstrass's present arrive via the professor's "famous Russian student". The collection was a success.

Sittings began in April in the studio of the sculptor E. A. Luerssen (1840–1891). Indeed, so much money had flowed in that the idea of a medal, first suggested in the previous year, in addition was also raised.

Weierstrass was maybe under the influence of the numerous sittings (altogether 12) when he wrote to his student on the 16th May: "I have heard that you are among those conspiring to remind me on the 31st October that I have fallen into a state of fossilization. I will submit to my fate – I believe the bust will be good." Mittag-Leffler planned to have a picture of Weierstrass printed in the Acta mathematica. As it was meant to be a surprise for Weierstrass, he asked Kovalevskaya to get in contact with the professor's sister Clara and Elise, to enquire whether they thought their brother would have any objections to the plan. Elise replied on the 14th June, both she and Clara were of the view that their brother "would feel honoured and pleased at <u>each and every</u> sign of friendly recognition from <u>those quarters</u>". The picture appeared in the 7th volume of the Acta.

The Collection of the Photos Begins

5000–6000 Marks had been collected through donations – an imposing sum. Enough money remained after the bust and the medal for another present for Weierstrass. It was around this point (probably in June) that the idea first came about to give him a photo album containing pictures of his students, friends and colleagues. The main responsibility for the plan lay with Carl Itzigsohn, and it was possibly even his original idea. Very little is known about Itzigsohn. Weierstrass said he was "a peculiar person, who is listed in the Wohnunganzeiger [a register of the inhabitants of Berlin] as a 'businessman, agent and mathematician', and has visited <u>every</u> single lecture of mine in the last 20 years. One of them he has attended <u>10 times</u>, and nevertheless claims to still profit from it". He studied at Berlin University from the winter semester 1868/69 to the summer semester of 1870, and was a member at the same time (summer 1869 – summer 1870) of the Berliner Mathematischer Verein. He helped Weierstrass in the completion of practical duties, e.g. packing, and lent support to the 1886 work "Abhandlungen aus der Functionenlehre". Itzigsohn approached Kovalevskaya on July 1st, in her capacity as celebration-committee member, to enquire if the costs for the album could be met from the donation fund. Had there not been enough money, Itzigsohn would have been prepared to take on the remaining costs. In a letter dated the same day he also asked for Mittag-Leffler's agreement. Both Mittag-Leffler and Kovalevskaya agreed, indeed, Mittag-Leffler immediately offered his support in collecting the photos together. The money was thus to be spent in the following order of priority. Firstly, the marble bust. Secondly, a gold medal. Thirdly, the photo album, and finally, the production of a figure, from which plaster casts could be sold to interested people. Mittag-Leffler raised energetic objections to the "German idea" that each donor should receive a free cast of the medal. It remains open to question whom Mittag-Leffler is hereby referring to. Certainly, however, Itzigsohn expressed the view in his 1st July letter to Mittag-Leffler that the casts should be available at cost price and not given out free. Mittag-Leffler expressed further in connection to the matter his conviction that foreign contributors actually comprised 2/3 of the total sum donated, whereas the Germans on average had given only 5 Marks each – and as compensation for this they should receive a free medal!

By the beginning of August most of the committee members had expressed support for the photo album, and the matter was decided. The Berliner Mathematischer Verein was responsible for the collection of photos within the whole of Germany. Itzigsohn sent Vasilev a corresponding letter to be circulated in Russia, and Mittag-Leffler one for Scandinavia. Itzigsohn asked Mittag-Leffler in August who could be approached to be responsible for

Frankreich und Italien ansprechen könnte. Hermite jedenfalls legt seinem Foto einige an Itzigsohn gerichteten Zeilen bei.

In dieser Zeit, am 1. August, schreibt Clara Weierstraß an Kowalewskaja: „Mein Bruder ist verstimmt, verärgert, arbeitet aber furchtbar, immer bis in die Nacht hinein". Reisepläne habe man vorläufig keine, Karl sage, „er hätte zu thun und keine Lust zum Reisen." Es scheint, als würde Kowalewskaja mit ihren Befürchtungen recht behalten, denn Clara schreibt weiter: „Ich habe die Vermuthung mein Bruder will dem 31sten Oktober aus dem Wege gehen; – weil er sich über verschiedene Dinge ärgert, aber er hat auch nicht Schneid genug und weiß es nicht zu machen." Weierstraß hatte zwar für das kommende Wintersemester eine Vorlesung angekündigt, Fuchs ist sich aber zu diesem Zeitpunkt ebenfalls nicht sicher, ob Weierstraß an seinem Geburtstag überhaupt in Berlin sein werde. Kurz zuvor, Ende Juli, hatte Weierstraß dem Kultusminister sein Gesuch um Bewilligung eines Urlaubs auf unbestimmte Zeit persönlich vorgetragen. Es ist durchaus denkbar, daß dabei die Überlegung eine Rolle gespielt hat, sich auf diese Weise der Geburtstagsfeier mit Anstand entziehen zu können. Ebenfalls noch im August erfährt Kowalewskaja durch einen Brief von Weierstraß selbst, daß man ihm sein Verbleiben in Berlin gänzlich unmöglich mache, daß ihm alle Freude an dem Jubiläum verdorben wäre und er nicht die Absicht habe, am 31. Oktober in Berlin zu bleiben. Der Brief sei „furchtbar traurig", schreibt Kowalewskaja an Mittag-Leffler. Am liebsten möchte sie nach Berlin reisen und einige Wochen bei Weierstraß verbringen. Kowalewskaja hält sich zu der Zeit in Rußland auf, um mit ihrem Töchterchen zusammen zu sein und ihre kranke Schwester Anna zu besuchen. Für Weierstraß muß sich die Lage dann sogar noch weiter zugespitzt haben. So gerne er seine Schülerin gerade jetzt wiedersehen würde, sieht er sich doch veranlaßt, ihr am 22. September zu antworten, ihren beabsichtigten Aufenthalt in Berlin verschieben zu wollen. Seine Schwestern und er wären wahrscheinlich ganz durch die Packerei in Anspruch genommen, denn, „um es kurz zu sagen, ich bin zu dem Entschlusse gekommen, Berlin zu verlassen und in die Schweiz überzusiedeln." Jetzt, nur wenige Wochen vor seinem 70. Geburtstag, wird deutlich, welches Ausmaß für ihn die Kontroverse mit Kronecker angenommen haben muß!

Die Entscheidung über Weierstraß' Urlaubsgesuch verzögert sich. Der Minister ist verreist und Weierstraß wollte die erforderliche schriftliche Eingabe nur ihm direkt übergeben. Tatsächlich verlassen Weierstraß und seine Schwestern Berlin erst im Dezember. Sie wollen nicht vor Ende Oktober 1886 zurückzukehren. Er hatte auch für das Sommersemester 1886 keine Vorlesung angekündigt. Weierstraß ändert nach längerem Schwanken allerdings seine Absicht, kommt im Mai 1886 aus der Schweiz zurück und beginnt noch im gleichen Monat (am 25. Mai) seine Vorlesung „Ausgewählte Kapitel aus der Functionenlehre".

Für den 31. Oktober 1885 ist ein Diner geplant. Es wird berichtet, daß Kronecker gegenüber Itzigsohn angekündigt haben soll, verreisen zu wollen, falls ein solches Diner arrangiert würde. An einer öffentlichen Feier für Weierstraß könne er sich nicht beteiligen, weil darin eine Kränkung für Kummer läge, an dessen 70. Geburtstag nichts Ähnliches stattgefunden habe. Auf Rat von Cantor übernehmen die jüngeren Dozenten Johannes Knoblauch, Carl Runge, Eugen Netto und Georg Hettner die Vorbereitungen. Hettner schreibt Postkarten, die nähere Hinweise über das Festmahl enthalten, u.a. an Kowalewskaja, Mittag-Leffler, Weierstraß' Bruder Peter und an Kronecker, der zur Zeit nicht in Berlin ist.

Auch der Berliner Mathematische Verein plant, am 3. November eine Veranstaltung zu Ehren von Weierstraß stattfinden zu lassen. Der derzeitige Vorsitzende, der Mathematikstudent Lothar Heffter, richtet am 19. Oktober ein Schreiben an den Rektor der Universität, dessen Zustimmung eingeholt werden muß.

Bis zuletzt treffen Fotos für das Album ein, so etwa selbst noch am 31. Oktober das von Sophus Lie. Bis in die Nacht vor dem Festtag ist Itzigsohn mit dem Einsortieren beschäftigt. Da er die Porträts länderweise unterbringen will, mußte mit dieser Arbeit bis zum letzten Moment gewartet werden. Zunächst kommen die ausländischen Einsender. Er beginnt mit Dänemark, dann folgen England, Frankreich, Italien, Finnland und Rußland, Schweden und Norwegen, Schweiz, Österreich-Ungarn. Einige der Fotos haben ein größeres Format (sog. Kabinett-Format statt Visit-Format) und können im Album nicht untergebracht werden. Mehr ist in der Nacht nicht zu schaffen. Die Fotos der deutschen Einsender kann er erst nach dem Geburtstag in der gehörigen Reihenfolge, d. h. geordnet nach Provinzen und Staaten, einsortieren.

Die Geburtstagsfeier

Am Sonnabend, dem 31. Oktober 1885, versammeln sich am Vormittag Freunde, Schüler und Kollegen in der Wohnung von Weierstraß, um zu gratulieren und die Ehrengeschenke zu übergeben. Unter den Gratulanten ist auch Kronecker, der die Mitteilung über die Weierstraß-Feier unbeantwortet gelassen hatte, aber doch noch unerwartet am Vortage nach Berlin zurückgekehrt war. Eingefunden haben sich weiterhin u. a. Fuchs, Schwarz, G. Cantor, P. Du Bois-Reymond, Bruns, Lindemann, Thomé, Killing, Runge, Mangoldt, Netto, Kiepert, Hettner, Weingarten, Knoblauch sowie der Rektor der Universität (der Theologe Paul Kleinert (1837–1920)), der Dekan der philosophischen Fakultät (der Germanist Wilhelm Scherer (1841–

France and Italy. Hermite, at least, enclosed with his photo a few lines addressed to Itzigsohn.

It was during this time, on August 1st, that Clara Weierstrass wrote to Kovalevskaya. "My brother is disgruntled, annoyed, working terribly hard until late into the night." For the time being there were no travel plans, Karl had said "he had work to do and no desire to travel". It seemed that Kovalevskaya's fears would prove to be well founded, as Clara wrote further "I suspect that my brother wishes to avoid the 31th October – because he is so annoyed about various things – but he hasn't enough gumption to do anything about it". Even though Weierstrass had announced he would give a lecture in the coming winter semester, Fuchs was at that point uncertain whether Weierstrass would be in Berlin at all for his birthday. Shortly before, at the end of July, Weierstrass had personally submitted a request to the Minister of Education for permission to take indefinite leave of absence. It is entirely conceivable that his wish to withdraw from the birthday celebrations in a decent manner also played a role in the plan.

Still in August, Kovalevskaya received a letter from Weierstrass himself, saying that it was being made quite impossible for him to remain in Berlin, that his pleasure at the thought of the anniversary had been spoiled, and that he did not have any intention of being in Berlin on the 31th of October. The letter, wrote Kovalevskaya to Mittag-Leffler, was "terribly sad". She would ideally have liked to have spent a few weeks with Weierstrass in Berlin. She was staying in Russia at the time, visiting her little daughter and her ill sister Anna. This must have further aggravated the situation for Weierstrass. As much as he would have loved to have seen her, in a letter dated September 22nd he felt it necessary to advise the postponement of her planned trip to Berlin. Packing was probably taking up all his and his sisters' time, for he wrote "... in brief, I have arrived at the decision to leave Berlin and move to Switzerland". At that point, only a few weeks before his 70th birthday, it became clear what dimensions the controversy with Kronecker had assumed for him!

The decision over Weierstrass's application for leave was delayed. The minister was away, and Weierstrass only wanted to hand over the required written application to him directly. Weierstrass and his sisters only actually left Berlin in December, with the intention of not returning before the end of October 1886. Weierstrass had not announced any lectures for the 1886 summer semester. However, after wavering for a long time he changed his plan, left Switzerland in May 1886, and started lecturing in the same month on "Ausgewählte Kapitel aus der Functionenlehre".

A dinner was planned for the 31st October 1885. Kronecker reportedly announced to Itzigsohn his intention of being away in the event of a dinner being arranged. He could not take part in a public celebration for Weierstrass, as this would involve hurting Kummer, for whose 70th birthday nothing similar had taken place. On Cantor's advice, the younger lecturers Knoblauch, Runge, Netto and Hettner took responsibility for the preparations. Hettner wrote postcards with details of the anniversary dinner to, among others, Kovalevskaya, Mittag-Leffler, Kronecker (who was not at that point in Berlin) and Weierstrass' brother Peter.

In addition, the Berliner Mathematischer Verein planned an event in honour of Weierstrass for the 3rd November. The chairman, – Lothar Heffter, a mathematics student – handed a letter on the 19th of October to the rector of the university, whose permission had to be sought.

The photos for the album continued to arrive right up to the last moment. Indeed, that of Sophus Lie came on the 31st October itself. Itzigsohn was kept busy with the sorting late into the night before the anniversary. As he wanted to arrange the photos according to country, he had had to wait until the very last moment before starting. First would come the foreign contributors. He began with Denmark, followed by England, France, Italy, Finland and Russia, Sweden and Norway, Switzerland and Austria-Hungary. Several of the photos were of a different size (the so called "Cabinet" format instead of the "Visit" format), and could not be housed in the album. No more could be done during the night. It was only possible after the birthday to sort the photos of the German contributors into the right order, according to province and state.

The Birthday Celebration

In the morning of Saturday, the 31st October 1885, friends, students and colleagues of Weierstrass came to his flat to congratulate him, and to hand over the presents. Kronecker was also among those offering congratulations. Despite not answering the invitation, he had unexpectedly returned to Berlin the day before. Also present at the occasion were, among others, Fuchs, Schwarz, G. Cantor, P. Du Bois-Reymond, Bruns, Lindemann, Thomé, Killing, Runge, Mangoldt, Netto, Kiepert, Hettner, Weingarten and Knoblauch, as well as the rector of the university (the theologian Paul Kleinert (1837–1920)), the dean of the philosophy faculty (the German scholar Wilhelm Scherer (1841–1886)) and the painter Adolph Menzel (1815–

1886)) und der Maler Adolph Menzel (1815–1905) als Vizekanzler des Ordens *pour le mérite*. Fuchs hält eine Ansprache. Danach werden die Geschenke überreicht: Büste, Medaille, Fotoalbum sowie der 7. Band der *Acta mathematica* (mit dem Porträt von Weierstraß). Das Album ist reich verziert und kunstvoll eingebunden, „ein Prachtwerk, das allgemeinen Beifall findet", wie Weierstraß seiner Schülerin schreibt. Schwarz hat eine Festschrift verfaßt, „um Ihnen zu dem Tage, an welchem Sie auf siebzig Lebensjahre zurückblicken, durch eine wissenschaftliche Arbeit eine Freude zu bereiten." Er behandelt darin eine Frage über Minimalflächen, die Weierstraß zwanzig Jahre zuvor einigen seiner Zuhörer zur Bearbeitung empfohlen hatte. Cantors bissiger Kommentar: „In seinem [Schwarz'] Ueberzieher hat er sechs Taschen und in jeder stets sechs Exemplare seiner Festschrift (welche er die Festschrift zur W.feier nennt, als ob er vom Comité dazu beauftragt gewesen wäre); sobald er eines Mathematikers ansichtig wird, überfällt er ihn und dringt ihm ein Exemplar dieser Schrift auf." Kowalewskaja, wie auch Mittag-Leffler, waren nicht nach Berlin gekommen. Bei Kowalewskaja könnte eine Rolle gespielt haben, daß sie gerade erst im Oktober die Genehmigung erhalten hatte, die Mechanikvorlesungen für den im Frühjahr 1885 verstorbenen Holmgren übernehmen zu dürfen, eine Entscheidung, die nach zermürbender Ungewißheit und gegen Widerstände innerhalb der Stockholmer Hochschule zustande kam.

Um 18 Uhr beginnt das Diner im Hotel de Rome. Etwa 60 Teilnehmer haben sich versammelt. Kronecker und Fuchs sitzen neben Weierstraß, der Dekan ihm gegenüber mit Schwarz, Cantor, dem Bruder Peter und dem Bildhauer Luerssen als Tischnachbarn. Die „Flut der Reden" wird von Fuchs eröffnet, der die Verdienste des Jubilars um die Funktionentheorie würdigt. Danach spricht Kronecker über Weierstraß' Entdeckungen in der Theorie der Abelschen Funktionen. Emil Lampe gibt später ein Bruchstück dieser Tischrede wieder: „Manche Probleme der Mathematik sind uralt und jedermann geläufig, so die Quadratur des Kreises, die algebraische Lösung der Gleichungen. Das Problem aber, an dessen Lösung Weierstraß seine Lebensarbeit setzte, ist von ihm selbst größtenteils erst formulirt, daher weder allgemein bekannt, noch auch mit wenigen Worten auszusprechen." Später schreibt Weierstraß an Kowalewskaja: „Er ist doch ein unbegreiflicher Mensch. [...] Bei dem Diner nun spendete er mir unendliches Lob und von unserem persönlichen Verhältniß sprach er so, daß jedermann glauben mußte, es sei das allerintimste." Cantor findet, daß Kronecker sich in der „degoutantesten Weise als Protector von Weierstraß" aufspielt, als ob letzterer jenem „alles zu verdanken habe". Nach einer kurzen Erwiderung des Geehrten folgen weitere Ansprachen, „in glänzender Weise" von Scherer und „voll Humor" vom Bruder Peter, „der auseinandersetzte, eine wie erbärmliche Wissenschaft doch die seinige, die Philologie, im Vergleich mit der Mathematik sei." Er würde noch immer mit Schrecken an den mathematischen Unterricht zurückdenken, den er als Knabe bei Karl hatte, denn die Beweise seien meist *schlagende* Beweise gewesen.

Nach dem Diner saß man noch beim Bier zusammen. Dabei kam es auch zu Versuchen, Gegensätze zwischen einzelnen Schülern von Weierstraß zu überbrücken; Kronecker lud Schwarz zu einer „freundschaftlichen Aussprache" ein, zu der jedoch Schwarz nicht bereit war. Die letzten gingen erst bei Tagesanbruch.

Zur Festveranstaltung des Mathematischen Vereins am 3. November waren alle Berliner Mathematiker erschienen, dazu noch Schwarz als einziger von den auswärtigen Kollegen. Weierstraß soll ausgezeichnet gesprochen haben. Vielleicht hat er dabei auch den poetischen Toast auf die Frauen ausgebracht (siehe „Briefe"). Den Abschluß der Feierlichkeiten bildete ein Diner, das Weierstraß am 8. November in seiner Wohnung gab. Es wird berichtet, daß Weierstraß irgendwann in diesen Tagen „mit sichtlichem Behagen" davon erzählt hat, daß ihm während seiner Tätigkeit als Lehrer in Deutsch-Krone das Amt eines Zensors für das dortige Lokalblättchen übertragen wurde, weil der verantwortliche Beamte aus Abneigung gegen belletristische Literatur nur den politischen Teil selbst überwachen wollte. Es hätte ihm ein besonderes Vergnügen bereitet, die gerade erschienenen Herweghschen Freiheitslieder durchgehen zu lassen. Erst eine vorgesetzte Behörde bereitete dem ein Ende, ohne daß Weierstraß Nachteile daraus entstanden wären. Es wird außerdem berichtet, daß Weierstraß mit Worten herzlichen Dankes seines Lehrers Gudermann gedacht hat.

Entgegen allen Befürchtungen kann Weierstraß seiner Schülerin und Freundin in Stockholm „ohne Rückhalt bekennen, daß die Feier meines 70sten Geburtstages, wie dieselbe von meinen älteren und jüngeren Zuhörern veranstaltet worden ist, mir wirklich eine große Freude bereitet hat". Ganz „ohne offiziellen Anstrich [...] gestaltete sich dieselbe zu einer – wenn auch von Übertreibung nicht ganz freien, doch durch keinen Mißklang getrübten Kundgebung, die erkennen ließ, daß die daran sich Betheiligenden mit dem Herzen dabei waren".

Irgendwann in den Tagen danach sitzt Itzigsohn über dem Album und sortiert die Fotos der deutschen Einsender ein. Schließlich sind 294 Fotos auf 44 Seiten des Albums untergebracht. Für die 40 Fotos größeren Formats wird ein zweites Album angefertigt.

Als letzter von den vier Geschwistern stirbt 1904 Peter Weierstraß. Im selben Jahr übergibt Knoblauch dem Berliner Kupferstichkabinett das Fotoalbum. Dort gerät es schließlich in Vergessenheit.

1905) as Vice-Chancellor of the Order pour le mérite. Fuchs made a speech. Afterwards, the presents were handed over: the bust, the medal, the photo album, and the 7th volume of the Acta mathematica (with Weierstrass' portrait). The album was richly decorated and ornately bound, "a magnificient piece which meets with approval everywhere" as Weierstrass wrote to Kovalevskaya. Schwarz had written a commemorative volume "with a scientific piece of work to make you happy, with which you can look back on 70 years". In it, he deals with a question of minimal surfaces, work on which Weierstrass had recommended to several of his students twenty years before. Cantor's cutting comment: "In his [Schwarz's] overcoat he has six pockets, and in each of these always six examples of his commemorative volume (which he calls the *commemorative volume for Weierstrass's celebration, as if the committee had asked him to write it); as soon as he catches sight of a mathematician, he descends on him and forces a copy of this work on him."*

Kovalevskaya, like Mittag-Leffler, had not come to Berlin. In her case, this could have been partly due to the fact that in October she had received permission to take over the mechanics lectures of Holmgren, who had died in spring 1885. It was a decision which had only come after much tiring uncertainty and resistance within the Stockholm Högskola.

The dinner began at 6 pm in the Hotel de Rome. About 60 people were there. Kronecker and Fuchs sat next to Weierstrass, the dean was opposite, and Schwarz, Cantor, Weierstrass's brother Peter and the sculptor Luerssen sat nearby. The "flood of speeches" was opened by Fuchs, who praised Weierstrass's achievements in function theory. Afterwards, Kronecker spoke of Weierstrass's discoveries in the theory of Abelian functions. Emil Lampe later gave a partial account of this speech: "Some mathematical problems are ancient and familiar to everyone, such as squaring the circle, or the algebraic solution of equations. However, the problem the solution of which has been Weierstrass's life's work, was mainly formulated by himself. Thus it was neither well known, nor possible to express in only a few words." Weierstrass wrote later to Kovalevskaya: "He [Kronecker] really is an incomprehensible person. [...] At the dinner he praised me constantly, and spoke of our personal relationship in such a way that everyone must have believed it to be of the most intimate." Cantor found that Kronecker set himself up in the "most disgusting fashion as Weierstrass's protector", as if the latter "had him to thank for everything".

Further speeches followed after a short reply from the guest of honour, "in a brilliant way" from Scherer, and "full of humour" from brother Peter, "who explained how pathetic a field of study such as his, philology, was in comparison with mathematics". He would always look back with fear at the mathematics lessons he had had with Karl, because the proofs had mostly been schlagend (a word-play – meaning both conclusive and physically hitting).

After the dinner a beer was drunk together. Attempts were made to reconcile the differences between individual students of Weierstrass. Kronecker invited Schwarz to a "friendly discussion", a suggestion which Schwarz turned down. The last people did not leave until dawn.

All the Berlin mathematicians came to the celebration on the 3rd of November of the Mathematischer Verein, Schwarz being the only 'foreign' colleague present. Weierstrass reportedly gave an outstanding speech. He possibly even proposed the poetic toast to women (see 'Letters'). The conclusion of the celebrations was a dinner given by Weierstrass on the 8th November in his flat. Weierstrass reportedly told during around this time "with visible pleasure" of how, while he was teaching in Deutsch-Krone, he was entrusted with the office of censor for the local paper because the responsible official, who had an aversion to literary matters, only wished to supervise the political section. It had given him particular pleasure to allow the recent Herwegh's freedom songs to go through. This only came to an end, with no negative consequences resulting for Weierstrass, through the intervention of a superior authority. It was also reported that Weierstrass had heartily thanked his teacher Gudermann. Despite of all fears Weierstrass was able to admit to his pupil and friend in Stockholm "without any reservations that the celebration of my 70th birthday organized by my older and younger listeners gave me much pleasure indeed. Without any official trappings [...] the festivities, even if not entirely devoid of exaggeration, assumed the form of a manifestation without any dissonances, proving that those taking part did so with their hearts".

At some stage in the following days Itzigsohn sat over the album and sorted out the photos of the Germans who had sent in photos. Eventually, 294 photos (in 'Visit' format) were housed in 44 pages of the album. A second album was made for the 40 larger photos.

Peter Weierstrass, the last of the four siblings, died in 1904. Knoblauch handed over the photo album in the same year to the Berlin Kupferstichkabinett, where it became forgotten.

Briefe

Die Brieftexte werden unverändert, d. h. insbesondere unter Beibehaltung der vorgefundenen Rechtschreibung wie auch sonstiger Eigentümlichkeiten der Schreibung wiedergegeben. Ergänzungen des Autors sind in eckige Klammern [ ] gesetzt. „Weierstraß" ist stets Karl Weierstraß.

1. Cantor an Kowalewskaja
Halle, 30.12.1884

Halle 30ter Dec. 84

Sehr geehrte Frau!

Gestatten Sie mir, dass ich Ihnen, mit der Bitte um Discretion, die Abschrift eines Briefes einsende, den ich mit gleicher Post Herrn Prof. Fuchs als Antwort auf einen Brief seinerseits zuschicke. Sie werden aus meiner Antwort ausreichende Gründe erkennen, warum ich nicht sofort den Aufruf, welchen mir Herr Fuchs unterbreitet, mit meiner Namensunterschrift versehen kann. Gestatten Sie mir aber, Ihnen vertraulich einen anderen Grund mitzutheilen, weshalb ich auch später einem Aufruf in dieser Form nicht beizutreten in der Lage sein werde.

Dieser Aufruf ist in meinen Augen so kalt, farblos, wässerig, nichtssagend und misserfolgversprechend abgefasst, dass ich nicht begreifen kann, wie man damit ein solches Ziel glaubt erreichen zu können.

Es müsste also m. E. darauf hingewirkt werden, dass ein Aufruf erlassen werde, in welchem den grossen Verdiensten des Herrn Weierstrass in der würdigsten, vollständigsten Weise Ausdruck geliehen wird.

Vielleicht sind Sie, Madame, in der Lage, hierauf einen Einfluss auszuüben, wonach ich dann später gern mich daran betheiligen werde, vorausgesetzt dass mein Freund Mittag-Leffler damit einverstanden sein wird. [...]

Genehmigen Sie den erneuten Ausdruck meiner Hochachtung als

Ihr
ergebenster
Georg Cantor

Letters

The texts of the letters are given unaltered, i. e. especially concerning the retention of original orthography and other peculiarities of writing. Additions by the author are given in square brackets [ ]. "Weierstrass" is always Karl Weierstrass.

2. Elise Weierstraß an Kowalewskaja
Berlin, 14.6.[1885]

Berlin d. 14ten Juni.

Meine geliebte Sonia,

[...] Was nun die andere, erfreulichere Mittheilung betrifft, so habe ich allerdings bis jetzt noch keine Gelegenheit gehabt, meines Bruder's Ansicht über die Portrait-Angelegenheit zu erforschen, da mir kein analoger Fall zu Gebote steht und ich nicht direkt fragen soll, glaube aber annehmen zu dürfen, daß er sich durch jedes Zeichen freundlicher Anerkennung was von der Seite kommt, erfreut und geehrt fühlen wird, und meine, daß Du Dich in diesem Sinne gegen Herrn Mittag-Leffler aussprechen kannst. Clärchen ist ganz derselben Meinung. [...] Tausend Grüsse von Clärchen an Dich und Fuffi und eben so viele Bitte[n], schreibe bald wieder, von Deiner
Elise.

3. Itzigsohn an Kowalewskaja
Berlin, 1.7.1885

Berlin den 1ten Juli 1885

Hochgeehrte Frau !

Vergeben Sie mir, wenn ich Sie in Ihrer Eigenschaft als Mitglied des
<u>Weierstraß Comités</u>
mit einer Anfrage belästige.

Die Mittel für die Feier des 70ten Geburtstages unseres hochverehrten Meisters – des Lehrer[s] wie des tiefen Forschers – sind sehr reichlich geflossen: 5–6000 Mark stehen zur Verfügung.

Es liegt nun in der Absicht, dem Jubilar (außer Büste und Medaille) ein Album zu überreichen, welches die Bildnise seiner Schüler und seiner Verehrer enthält (Visit= oder Cabinet=Format, Photographie).

Mit diesem Gedanken ist sowohl Herr Prof. Fuchs, wie auch der mathematische Verein zu Berlin einverstanden (durch den letzteren sind circa 1000 Mark eingeliefert worden). Da Herr Prof. Fuchs augenblicklich sehr stark

beschäftigt ist, so hat er mich veranlaßt, bei Ihnen anzufragen: ob Sie darin willigen, daß die Unkosten für das Album aus dem gesammelten Fond bestritten werden? Meiner – es ist lediglich meine individuelle Ansicht – liegt es in der Absicht der Geber daß der Fond gänzlich für Herrn Prof. Weierstraß verwendet werde, und daß die Abgüsse von der Medaille nicht gratis, sondern gegen Erlegung der Herstellungskosten an diejenigen überlassen werden, welche dieselbe zu besitzen wünschen.

Da ich von Ihnen, hochgeehrte Frau, sicher weiß, daß es Ihr innerstes Sehnen ist, dem so hoch geschätzten Manne die innere Verehrung auf jede nur mögliche Weise an seinem Ehrentage zu bezeugen – ein Streben, das ich in vollstem Maße mit Ihnen gemein habe –, so hoffe ich, daß Sie gegen den Vorschlag einer Album-Spende nichts einzuwenden haben werden.   Sollten die Mittel nicht ausreichen, so erkläre ich mich bereit, die Unkosten dieses Geschenkes zu bestreiten; nur möchte ich gern, daß das Comite die Angelegenheit als die seinige behandelt, weil dies – meine Annahme wird mich nicht täuschen – dazu beitragen dürfte, die Freude des Jubilars zu erhöhen.

Höflichst bitte ich den
      Herrn Prof. Fuchs   hier
      Klein Beeren Str. Nr. 1

oder dem Unterzeichneten, welcher gern bereit ist, die Mühen der Sammlung auf sich zu nehmen, Ihre gefällige Entschließung zugehen zu lassen.

In höflicher Begrüßung und wahrhafter Hochachtung, habe ich die Ehre zu zeichnen

in tiefer Ergebenheit
Carl Itzigsohn
Lothringer Str. Nr. 72.

4. Itzigsohn an Mittag-Leffler
Berlin, 16.8.1885

N. Berlin, 16/8 85
Lothringer Str. 72

Sehr geehrter Herr Professor!

Ihre werte Zuschrift vom v. M. zeigt mir, daß sich unsere Ansichten vollständig decken und daß auch Sie wünschen, die Feier möge eine recht allgemeine werden.

Leider dürfte dieser Wunsch wohl nicht ganz in Erfüllung gehen, indem nicht alle Persönlichkeiten von gleichen Gefühlen, wie wir erfüllt sind. Es scheint mir, es steht in nächster Zeit ein starker Kampf mit Gegner[n] der Weierstraß'schen Schule bevor, ein Kampf der seine Schatten schon voraus wirft. Glauben Sie keineswegs, daß ich in Bezug wissenschaftlicher Ansichten intolerant bin, ich würdige jede sachliche Opposition. Allein bei dieser Feier kommt es doch auf eine Würdigung des Strebens, die Wahrheit zu fördern an. Und das werden auch die Gegner der Weierstraß'schen Mathematik wohl zugeben müssen, daß Weierstraß rein sachlich – ohne persönlichen Ehrgeiz – der Wissenschaft mit ganzer Seele gedient hat und daß er, der keine Familie hat, verdient von seinen mathematischen Kindern hoch geehrt zu werden. (Ob es gelingen wird, die Mathematik einzig und allein auf dem Begriffe der unbenannten ganzen rationalen Zahlen aufzubauen, oder ob es nicht notwendig ist den weiteren Begriff der Zahlgrößen aus unendlich vielen Elementen als Basis zu nehmen, wie W. es tut, scheint mir nicht zweifelhaft. – Dies beiläufig.)

Herrn Fuchs gegenüber bin ich bestrebt gewesen Ihre Ansicht, die ja auch die meine ist, zur Geltung zu bringen. Es ist beschlossen, außer der Marmorbüste eine goldene Medaille und ein Album zu schenken.

Sie haben die übergroße Freundlichkeit gehabt, mir Ihre Hülfe behufs Einsendung der Bilder für das Album zuzusagen. Was Deutschland anbetrifft, so hat der mathematische Verein die Angelegenheit in die Hand genommen.

Was aber das Ausland angeht, so muß ich von Ihrem gütigen Anerbieten Gebrauch machen.

Zunächst habe ich mir erlaubt Ihnen 50 Circulare zugehen zu lassen, welche denselben Wortlaut haben, wie diejenigen, die ich an Wassilieff in Kasan für Rußland gesendeten. Sollten dieselben Ihren Beifall finden, so bitte ich von denselben für Skandinavien und Finnland Gebrauch zu machen. Ziehen Sie deutsche Briefe vor, so stehen diese Ihnen zur Verfügung.

Die Namen Ihrer Landsleute werde ich Ihnen morgen zugehen lassen.

Worin ich aber Ihre gütige Unterstützung [er]bitten möchte, das betrifft Frankreich und Italien.

Zunächst Frankreich. Unter den Zeichnern von Gaben befindet sich in Frankreich obenan Hermite (100 M). Nun wollte ich Ihren Rath hören, resp. Ihre Vermittelung erbitten, um zu erlangen, daß Hermite (oder vielleicht Poincaré oder Tannery oder Picard oder Ap[p]ell (auch dieser ist unter den Gebern)) die Einsammlung, resp. die Aufforderung zur Einsammlung übernimmt.

Meinen Sie, daß man es wagen darf, an Hermite oder an wen sonst eine solche Bitte zu richten?

Circulare mit jeder Namenunterschrift, resp. ohne Namenunterschrift stehen in beliebiger Anzahl zu Ihrer Verfügung. Bitte lassen Sie mich Ihre Meinung wissen, resp. ob Sie gewillt sind, dies zu vollbringen, was Ihnen bei Ihrer nahen Beziehung zu Hermite möglich ist.

Was Italien angeht, so würden Sie mir einen großen Gefallen tun, wenn Sie mir sagen würden, ob ich mich

an Casorati oder an Beltrami (beide Zeichner von Gaben) wenden soll, resp. ob Sie vielleicht mit einem der Herren in Verbindung stehen.

Es ist augenblicklich Niemand von den Herrn Comité-Mitgliedern in Berlin und ich muß sehen, allein fertig zu werden.

Weierstraß ist noch hier. Er arbeitet an einem Bande: <u>Abhandlungen aus der Funktionenlehre</u>, welcher ältere und neuere Abhandlungen enthalten wird. Die erste Abh. ist die über die eindeutigen Funktionen. Da ich die äußerlichen Arbeiten des Druckes besorge, erlaube ich mir Ihnen den ersten Aushängebogen zu übersenden.

Genehmigen Sie meine größte Hochachtung mit der ich die Ehre habe zu zeichnen

in aller Ergebenheit
Carl Itzigsohn
Berlin N. Lothringer Str. 72

5. Sabinin an Höde
[Odessa,] 26.9.1885

[*Auf dem Briefumschlag:*]
A Monsieur Höde
Inspecteur à Berlin C., Université
[*von anderer Hand*]

$\frac{26}{14}$ September 1885

Hochgeehrter Herr!

Entschuldigen Sie, wenn ich die Freiheit nehme, Sie mit folgender Bitte zu [beunruhigen]*. Professor Wassilieff im Namen des Weierstraßfestkomité theilt mir mit, daß die Photographien für das Festalbum, das dem hochgeehrten Jubilar dargebracht werden soll, bei Ihnen einzusenden sind. Demzufolge ersuche ich Sie auch die meinige entgegennehmen zu wollen.

Hochachtungsvoll
[*ab hier eigenhändig*]

Dr. G. Sabinine
ord. Professor an der Kaiserlichen Neurussischen Universität
(Odessa).

* *Im Original: beruhigen.*
[„G." *steht für* „Georg" *als Übersetzung von* „Jegor".]

6. Hettner an Mittag-Leffler
Postkarte. Berlin, 16.10.1885.

Am 31. October feiert Herr Professor Weierstrass seinen 70. Geburtstag. Mehrere seiner Schüler und Verehrer haben beschlossen, sich an demselben zu einem Festmahle zu vereinigen, zu welchem Herr Professor Weierstrass sein Erscheinen zugesagt hat. Dasselbe findet
Sonnabend d. 31. October, Nachmittags 6 Uhr,
im Kleinen Saale des Hôtel de Rome
statt; Preis des Couverts ohne Wein 8 M. Falls Sie sich an dem Essen zu betheiligen beabsichtigen, bitte ich Sie ergebenst, mir dies bis zum 24. d. M. mittheilen zu wollen.

Berlin S.W. Königgrätzerstrasse 92, III
den 16. October 1885.   Prof. Dr. Hettner.

7. Itzigsohn an Weierstraß
Berlin, 31.10.1885

Berlin den 31ten October 1885

Hochgeehrter Herr Professor!

Aus reinem Herzen und tiefster Seele bringe ich Ihnen am heutigen Tage meine Glückwünsche dar. Gern – so gern! – wäre ich persönlich bei Ihnen erschienen, doch wusste ich nicht, ob Ihnen mein Besuch an dem Tage des Festes angenehm sei.
Niemand hat meine inneren Beweggründe sowohl verstanden und ihnen Ausdruck verliehen, wie Hermite, wenn er schreibt: „Je suis heureux de recevoir votre appel et de saisir l'occasion d'offrir à M. Weierstrass le témoignage de mon admiration pour son génie et ses grandes découvertes en Analyse, en même temps que de ma profond sympathie pour sa personne. C'est dans cette intention en me joignant de tout coeur à ceux qui vont fêter le 70me anniversaire de la naissance du grand géomètre, que je vous admets ma photographie avec l'indication, que vous m'avez fait l'honneur de me demander.
Professeur Charles Hermite, membre de l'Institut et membre étranger de l'Académie des sciences de Berlin."
Trotz aller Mühen ist es mir nicht möglich gewesen in der Nacht vom Freitag zum Sonnabend, alle Photographien dem Album einzuverleiben.
Nur die fremden, nicht deutschen Mathematiker sind bis jetzt eingeordnet in folgender Reihenfolge:
Dänemerk
England
Frankreich
(Belgien) Holland
Italien
Russland
Schweden (Norwegen)
(Lie's Photographie ist mir erst heute zugegangen)
Schweiz
Öst[er]reich-Ungarn.

Die Cabinetsbilder habe ich besonders beigefügt.
Wenn Sie mir hochgeehrter Herr Professor gestatten, so werde ich die Anordnung in der nächsten Zeit zu Ende führen. Ich habe geglaubt dem Auslande – den Gästen – die ersten Plätze einräumen zu müssen und wollte dann die deutschen Mathematiker nach den Provinzen einreihen.
Mit dem Wunsch, daß Ihnen das gestrige Fest gut bekommen sei, habe ich die Ehre zu sein mit tiefer Verehrung

in treuer und ehrlicher Aufrichtigkeit
Carl Itzigsohn

8. Cantor an Mittag-Leffler
Halle, 3.11.1885

Mein lieber Freund.

Herzlich erfreut war ich, nach so langer Zeit wieder von Ihnen zu hören. Ich wollte Ihnen bereits vorigen Sonntag von Berlin aus antworten; allein ich hatte nicht darauf gerechnet, dass das Diner am Sonnabend Abends noch beim bayerischen Bier, wo auch W. sich in der vergnügtesten Laune mit betheiligte, fortgesetzt werden würde; ich kam erst frühmorgens um 1/2 4 Uhr nach Hause. Nachdem ich etwas spät Sonntag aufgestanden war, musste ich noch zu W., mich von ihm zu verabschieden, denn Nachmittags desselben Tages musste ich wieder nach Hause fahren. Über den sehr glänzenden Verlauf der ganzen Feier werden Sie in den Berliner Zeitungen gelesen haben. Ich kann sagen, dass meine Prophezeiung in Erfüllung gegangen ist, das Fest war ein vollkommenes, grossartiges. W. war auf's Höchste beglückt und befriedigt.

K. hatte sich doch noch entschlossen, kurz vorher nach Berlin zurückzukehren und bonne mine à mauvais jeux zu machen; er suchte sich sogar den Anschein nach Aussen zu geben, als hätte er hinter den Coulissen Alles arrangirt. Ich weiss aber genau und könnte dies beweisen, dass er hinter den Coulissen sich die grösste Mühe gegeben hat, dass die Sache missrathe; Luerssen weiß darüber Interessantes zu erzählen. In der Tischrede, welche K. nach Fuchs hielt, spielte er sich in der degoutantesten Weise als der Protector von W. auf, dem letzterer Alles zu verdanken habe.

Eine sehr unsympathische Figur bildete in diesen Tagen Schw[arz], das enfant gâté von W., der sich wie ein Blutigel an ihn gesogen hat und den ganzen Tag bei W. ist. Ich habe W's Zuneigung zu S. nie recht begreifen können; in seinen Arbeiten ist er nichts als unselbständiger Commentator von W., der nur von dessen Ideen lebt.

In seinem Ueberzieher hat er sechs Taschen und in jeder stets sechs Exemplare seiner Festschrift (welche er <u>die</u> Festschrift zur W.feier nennt, als ob er vom Comité dazu beauftragt gewesen wäre); sobald er eines Mathematikers ansichtig wird, überfällt er ihn und dringt ihm ein Exemplar dieser Schrift auf.
[...]
Es grüsst Sie herzlichst
Ihr treu ergebener Freund Georg Cantor

9. Hettner an Mittag-Leffler
Berlin, 21.11.1885

Berlin S.W. Königgrätzerstrasse 92, III
d. 21. Nov. 85.

Lieber Freund,

Sie wünschen einige Zeilen über die Feier am 70. Geburtstag von Weierstrass. Es verlief Alles glatt und es wurden sogar Versuche gemacht die Gegensätze unter den Schülern von W. auszugleichen. Am 31. Vormittags versammelten sich Kronecker, Fuchs, Weingarten, Du Bois, Schwarz, Cantor, Lindemann, Thomé, Kiepert, Mangoldt, Killing, Netto, Knoblauch, Runge, ich u. Andere in der Wohnung von W. Fuchs hielt eine Ansprache und übergab ihm Büste, Medaille, Album, Ihren 7. Band, den ersten Bogen einer Festschrift von Lipschitz, u.s.w. Das Bild von W. in den Acta finde ich ausgezeichnet. Am 31. Nachmittags war das Diner im Hôtel de Rome. Zu beiden Seiten von W. sassen Kronecker und Fuchs, ihm gegenüber der Dekan, zu dessen Seiten einerseits der Bruder von W., ein Gymnasiallehrer in Deutsch Krone, und Schwarz, andererseits der Bildhauer Lürssen und Cantor. Die Theilnehmerzahl, welche nicht zu gross sein sollte, betrug ca. 60. Den ersten Toast brachte Fuchs aus, der W. Verdienste um die Functionentheorie hervorhob, den zweiten Kronecker, der W. Entdeckungen in der Theorie der Abel'schen F. feierte. Dann sprachen Auwers, der Dekan, Henoch auf den Bildhauer, Schwarz auf die W.-Familie.
Am 3. Nov. gab der math. Verein einen Commers. Die hiesigen Mathematiker waren sämmtlich da, von auswärtigen nur noch Schwarz. W. sprach ausgezeichnet. Den nächsten Sonntag darauf gab W. in seiner Wohnung ein Diner, zu dem die Mathematiker der Universität etc. eingeladen waren. Das sind die äusserlichen Vorgänge. In ca. 8 Tagen will W. von Berlin abreisen und diesen Winter am Genfer See seine Abel'schen Functionen zum Druck ausarbeiten. Er befindet sich recht frisch und wohl. Es thut mir sehr leid, dass Sie mich diesen Herbst auf Ihrer Durchreise verfehlt haben. Hoffentlich geht es Ihnen und Ihrer Frau Gemahlin gut.
Frau Kowalevski bitte ich mich bestens zu empfehlen.
Mit den besten Grüssen
Ihr ergebenster
G. Hettner.

10. Weierstraß an Kowalewskaja
Territet, 14.12.1885
Meine theuere Freundin,

Du bist eine arge Sophistin. Also, weil Du eine Schülerin besonderer Art von mir bist, wolltest Du am 31sten October nicht unter den „großen Haufen" der mich Beglückwünschenden Dich mischen, sondern hast es vorgezogen, fast vier Wochen später zu erscheinen. Allerdings eine „egregia" Dich zu nennen, bist Du wohl berechtigt – aber hättest Du Dich nicht dadurch auszeichnen können, daß Du früher als alle übrigen den alten Freund begrüßtest? Übrigens glaube ich nicht, daß ich, wie Du vielleicht aus dem Datum dieses Briefes vermuthen möchtest, Vergeltung übe und Deinen Brief, das zuletzt angekommene Gratulationsschreiben, auch zuletzt beantworte. Im Gegentheil, vernimm es zu Deiner gerechten Beschämung, es liegen etwa 25 Briefe vor mir, auf die ich nicht summarisch antworten kann; einer ist von einem hochgestellten Herrn, der zugleich einer meiner ältesten Freunde ist – nachdem ich gestern diesen beantwortet, kommst Du sofort an die Reihe. Ist das nicht edel gehandelt? Aber nun zur Sache.

Zunächst will ich Dir gern und ohne Rückhalt bekennen, daß die Feier meines 70sten Geburtstages, wie dieselbe von meinen älteren und jüngeren Zuhörern veranstaltet worden ist, mir wirklich eine große Freude bereitet hat. Ohne offiziellen Anstrich – nur der Cultus-Minister sandte mir ein halb amtliches Glückwunschschreiben – gestaltete sich dieselbe zu einer – wenn auch von Übertreibung nicht ganz freien, doch durch keinen Mißklang getrübten Kundgebung, die erkennen ließ, daß die daran sich Betheiligenden mit dem Herzen dabei waren. Persönlich erschienen waren – außer meinen hiesigen Collegen – Cantor, Schwarz, Bruns, Lindemann, Killing, Thomé, P. Dubois, um mir im Namen des Comité's die Ehrengeschenke zu überreichen. Fuchs hielt eine wohlgesetzte Rede, von den ängstlichen Blicken seiner Frau bewacht – denn auch eine weibliche Corona fehlte nicht. Dann kamen noch der Rector der Universität, der Dekan und der Vicekanzler des Ordens pour le mérite, damit war der programmäßig festgesetzte Akt zu Ende, und es kam nun der „große Haufen" der Gratulanten.

Die Büste wirst Du im Gipsabzug erhalten haben. Ich bin neugierig auf Dein Urtheil darüber; meinen Schwestern gefällt sie nicht übermäßig. Von der Medaille wird Dir und Mittag-Leffler eine Copie in vergoldeter Bronze zugesandt werden. Das Album für die Photographien (über 500 Stück) ist ein Prachtwerk, das allgemeinen Beifall findet.

Den Herausgebern der Acta habe ich für ihr sinniges Geschenk meinen ganz besonderen Dank abzustatten. Das Lichtbild ist wohlgelungen und der Einband äußerst geschmackvoll. Nur die Dedication sagt viel zu viel, und wird ebenso wie die Inschrift der Medaille glossirt – nicht gerade im wohlwollenden Sinne.

Abends war das unerläßliche Diner – das hätte einem „eingeweihten" und mit dem gehörigen Humor ausgestatteten Berichterstatter einen willkommenen Stoff geben könn[en]. Fuchs, als mein erster Zuhörer, mußte wieder die erste Rede halten, was keine leichte Aufgabe für ihn war. Mich aber hat sie – im Gegensatz zu den übrigen Zuhörern – köstlich amüsirt. Denn es war mir, als hätte Fuchs den zweiten Brief Kroneckers an Mittag-Leffler gelesen – was nicht der Fall ist – und als kehrte jeder Satz seiner Rede seine Spitze gegen eine Äußerung K[ronecker]'s. Ohne Zweifel war aber alles „Philosophie des Unbewußten". Dann kam Freund Kr[onecker] an die Reihe – der dazu ein Separatrecht zu haben behauptete. Er ist doch ein unbegreiflicher Mensch. Zuerst hatte er, als die Herrn vom Comité beschlossen, es solle nicht bei dem ursprünglich in's Auge gefaßten Reliefbilde verbleiben, erklärt, er könne sich an einer öffentlichen Feier zu meinen Ehren nicht betheiligen, weil darin eine Kränkung für Kummer läge, an dessen 70sten Geburtstage nichts Ähnliches stattgefunden habe. Dann reis'te er fort von Berlin, ohne sich bei mir zu verabschieden – ebenso seine Frau – schrieb mir einmal, von Straßburg aus, einen rein geschäftsmäßig gehaltenen Brief, antwortete nicht auf die ihm gegen Ende October zugesandte Einladung des Comité's – erschien aber dann unerwartet am 30sten in Berlin, besuchte mich sofort, überhäufte mich mit Liebenswürdigkeiten, erzählte mir von seinem Besuche bei Hermite – nicht aber von der eigentlichen Veranlassung zu demselben, erwähnte auch, daß er in Villars zu seinem großen Leidwesen vernommen, daß Mittag-Leffler so eben den Ort verlassen – er habe zwar mit demselben in der letzten Zeit eine einigermaßen unangenehme Correspondenz gehabt, das sei aber alles wieder ausgeglichen, u.s.w. Von der Wurzel alles Unheils – der Preisfrage und dem Nordstern 1ster Klasse war nicht die Rede. Bei dem Diner nun spendete er mir unendliches Lob und von unserem persönlichen Verhältniß sprach er so, daß jedermann glauben mußte, es sei das allerintimste. (Seine Frau scheint anderer Ansicht zu sein, sie war die einzige von den Bekannten meiner Schwestern und den Frauen meiner Collegen, die nicht bei dieser Veranlassung uns besuchte – sie war auch, als ich jetzt von K[ronecker] mich verabschiedete, nicht sichtbar für mich – ich habe sie überhaupt seit dem 1 Juli nicht gesehen.)

Meine Erwiderung auf die beiden Reden war sehr kurz – ich war al[l]zu ermüdet. Dann kam noch eine Flut von Reden – in glänzender Weise sprach Scherer, z[ur] Z[eit] Dekan der phil[osophischen] Facultät, und voll Humor mein Bruder, der auseinandersetzte, eine wie erbärmliche Wissenschaft doch die seinige, die Philologie, im Vergleich mit der Mathematik sei.

Schließlich gingen wir alle noch „zu Biere", wo ich bis Mitternacht, mein Bruder bis zur Morgendämmerung

verblieb. Hier kam nun auch die feierliche Versöhnung zwischen P. Dubois und Schwarz zu Stande – möge sie von Dauer sein. Auch Kr[onecker] forderte Schwarz auf, er möge zu einer „freundschaftlichen Aussprache" ihn besuchen. Doch dies lehnte S[chwarz] ab – die beiden sind unversöhnt von einander gegangen.

Zwei Tage darauf war der Commers des math[ematischen] Vereins, wobei die jungen Leute sich prächtig benahmen. Meinem Bruder gefiel die Gesellschaft so wohl, daß er, nachdem alle älteren Herrn gegangen, mit Schwarz, der hier ganz an seinem rechten Platz war, bis 5 Uhr Morgens blieb.

So, meine liebe Freundin, nun hast Du einen authentischen Bericht über die „Weierstraß-Feier", worauf Du als Comité-Mitglied Anspruch machen darfst. Ich wollte, ich könnte Dir einige Berliner Zeitungen schicken, Du würdest Dich amüsiren über die Legenden, die sich an meine Person geknüpft haben. Ich muß Dir aber noch berichten, daß der poetische Toast auf die Frauen nicht von meinem Bruder, sondern <u>von mir selbst</u> – auf Provocation von Kiepert – ausgebracht worden ist. [...]

Nun lebe wohl, beste Freundin [...] und antworte mir recht bald. [...]

[Auf einer beigefügten Seite:]

„<u>Schönheit</u> ist das Weltgeheimniß, das uns lockt
  in Bild und Wort,
Wollt ihr sie dem Leben rauben, zieht mit ihr
  die Liebe fort.
Was noch lebet, zuckt vor Abscheu, alles sinkt
  in Nacht und Graus,
Und des Himmels Lampen löschen mit dem
  letzten Dichter aus."

Also der Poet. Der Forscher, dem ein güt'ger
  Gott verlieh
Zu verstehn des Geistes Walten und der Sphären
  Harmonie,
Sagt uns: <u>Wahrheit</u> ist die Sonne, deren Licht
  das All erhellt,
Und des Wissens Gut das Höchste, was an
  Schätzen beut die Welt.

Alles Schönste aber, das des Menschen sehnend
  Herz beglückt,
Alles Höchste, das des Menschen Geist dem
  Erdenstaub entrückt,
Im Gemüthe edler Frauen ist's vereint zu
  schönem Bund,
Daß uns allen kund es werde durch der Liebe
  Zaubermund.

31.10.85

11. Hansemann an Kowalewskaja
Berlin, 15.12.1885

Meine liebe Freundin und (Professor)[2] !
[...]
Zudem hatte mir Weierstrass schon – sehr stolz auf seine Schülerin – davon erzählt, als sein Jubiläum gefeiert wurde. Diese Feier war sehr schön. Das Essen im Hotel de Rome, durch ernste und launige Reden sehr gewürzt, verlief zu allgemeiner Zufriedenheit und wurde gefolgt von einer bis gegen Morgen dauernde Kneiperei, bei der Weierstrass frisch und fröhlich Theil nahm. 8 Tage später fand in seinem Hause eine kleine Nachfeier Statt, an der auch die beiden Damen Theil nahmen. Die Büste war zur eigentlichen Feier noch nicht ganz fertig geworden, so daß ich, da ich sie seitdem nicht mehr gesehen habe, kein rechtes Urtheil darüber fällen kann. Seit 8 Tagen sind nun die Weierstrassens von Berlin fort an den Genfer See gegangen und es wird wohl 1 Jahr vergehen, bevor sie wieder zurückkehren. – [...] Viele herzliche Grüße [...] von Ihrem

G. Hansemann

[Die Anrede ist eine Anspielung darauf, daß Kowalewskaja mit Beginn des Wintersemesters zusätzlich die Mechanikvorlesungen des verstorbenen H. Holmgren übernommen hatte.]

Quellen und Literatur

Quellen

Institut Mittag-Leffler, Djursholm (Schweden):

    Cantor an Fuchs. 30.12.1884. Abschrift (Cantor eigenhändig).
    Cantor an Kowalewskaja. 30.12.1884.
    Cantor an Mittag-Leffler. 17.12.1884.
    Cantor an Mittag-Leffler. 8.1.1885.
    Cantor an Mittag-Leffler. 29.7.1885.
    Cantor an Mittag-Leffler. 13.10.1885.
    Cantor an Mittag-Leffler. 3.11.1885.
    Fuchs an Kowalewskaja. 3.2.[1885]. (Originaldatum: 3.2.1884.)
    Fuchs an Kowalewskaja. 8.8.1885.
    Hansemann an Kowalewskaja. 15.12.1885.
    Hettner an Kowalewskaja. 16.10.1885.
    Hettner an Mittag-Leffler. 16.10.1885.
    Hettner an Mittag-Leffler. 21.11.1885.
    Itzigsohn an Kowalewskaja. 1.7.1885.
    Itzigsohn an Mittag-Leffler. 16.8.1885.
    Itzigsohn an Weierstraß. 31.10.1885.
    Kowalewskaja an Mittag-Leffler. Undatiert (Poststempel: 28.12.1884).
    Kowalewskaja an Mittag-Leffler. 31.12.1884.
    Kowalewskaja an Mittag-Leffler. Undatiert [September 1885].
    Mittag-Leffler an Kowalewskaja. 17.5.1885.
    Mittag-Leffler an Kowalweskaja. 20.-22.7.1885.
    Sabinin an Höde. 26.9.1885.
    Wassiljew an Kowalewskaja. Undatiert [1885].
    Clara Weierstraß an Kowalewskaja. 1.8.1885.
    Elise Weierstraß an Kowalewskaja. 14.6.[1885].
    Weierstraß an Kowalewskaja. 14.12.1885.
    Weierstraß an Peter Weierstraß. 23.10.1885.

Sources and Bibliography

Sources

Archiv der Berlin-Brandenburgischen Akademie der Wissenschaften zu Berlin. Nachlaß H. A. Schwarz:

    Ostermann an Itzigsohn. 11.8.1884 (Nr. 941).
    Schwarz an Itzigsohn (Entwurf). 28.6.1884 (Nr. 1227).
    Weierstraß an Schwarz. 18.4.1885 (Nr. 1175).
    Weierstraß an Schwarz. 29.3.1886 (Nr. 1175).
    Weierstraß an Marie Schwarz. 26.10.1875 (Nr. 1175).

Archiv der Humboldt-Universität zu Berlin:

    Philosophische Fakultät. Akten des Mathematischen Vereins (Nr. 559);
    Rektor und Senat. Abgangszeugnis der Friedrich-Wilhelms-Universität Berlin für Hermann Schwarz. 12.1.1866.

Literatur

Biermann, K.-R.: Karl Weierstraß. Ausgewählte Aspekte seiner Biographie. In: Journal für die reine und angewandte Mathematik 223 (1966), 191–220.

Bölling, R.: A birthday present. In: The Mathematical Intelligencer 11, No.4 (1989), 20–25.

Bölling, R.: Briefwechsel zwischen Karl Weierstraß und Sofja Kowalewskaja. Herausgegeben, eingeleitet und kommentiert von R. Bölling. Berlin: Akademie Verlag 1993.

Bölling, R.: Karl Weierstraß – Stationen eines Lebens. In: Jahresbericht der Deutschen Mathematiker-Vereinigung 96 (1994), 56–75.

Dugac, P., Taton, R.: Lettres de Charles Hermite à Gösta Mittag-Leffler (1884–1891). In: Cahiers du Séminaire d'Histoire des Mathématiques 6 (1985), 79–217.

Flaskamp, F.: Herkunft und Lebensweg des Mathematikers Karl Weierstraß. In: Forschungen und Fortschritte 35 (1961), 236–239.

Kiepert, L.: Persönliche Erinnerungen an Karl Weierstraß. (Vortrag, gehalten auf der Weierstraßwoche zu Münster im Juni 1925.) In: Jahresbericht der Deutschen Mathematiker-Vereinigung 35 (1926), 56–65.

Killing, W.: Karl Weierstrass. Rede gehalten beim Antritt des Rektorats an der Kgl. Akademie zu Münster am 15. Oktober 1897. In: Natur und Offenbarung 43 (1897), 704–725.

Kneser, A.: Leopold Kronecker. (Rede, gehalten bei der Hundertjahrfeier seines Geburtstages in der Berliner Mathematischen Gesellschaft am 19. Dezember 1923.) In: Jahresbericht der Deutschen Mathematiker-Vereinigung 33 (1925), 210–228.

Bibliography

Kočina, P. Ja.: Karl Vejerštrass. 1815–1897. (Naučno-biografičeskaja literatura.) Moskva: Nauka 1985.

Kočina, P. Ja., Ožigova, E. P.: Perepiska S. V. Kovalevskoj i G. Mittag-Lefflera. (Naučnoe nasledstvo; 7.) Moskva: Nauka 1984.

Lampe, E.: Karl Weierstraß. In: Jahresbericht der Deutschen Mathematiker-Vereinigung 6 (1899), 27–44.

Lampe, E.: Zur hundertsten Wiederkehr des Geburtstages von Karl Weierstraß. In: Jahresbericht der Deutschen Mathematiker-Vereinigung 24 (1915), 416–438.

Meschkowski, H., und Nilson, W.: Georg Cantor. Briefe. Herausgegeben von H. Meschkowski und W. Nilson. Berlin, Heidelberg: Springer-Verlag 1991.

Runge, C.: Persönliche Erinnerungen an Karl Weierstraß. In: Jahresbericht der Deutschen Mathematiker-Vereinigung 35 (1926), 175–179.

Schubring, G.: Warum Karl Weierstraß beinahe in der Lehrerprüfung gescheitert wäre. In: Der Mathematikunterricht 35 (1989), Heft 1, 13–29.

Schwarz, H. A.: Ueber ein die Flächen kleinsten Flächeninhalts betreffendes Problem der Variationsrechnung. Festschrift zum siebzigsten Geburtstage des Herrn Karl Weierstrass. In: Acta societatis scientiarum Fennicae 15 (1885), 315–362.

Verzeichnis der Personen

Entsprechend der Anordnung im Album

Vorbemerkung: Von den Vornamen wird in der Regel nur der Rufname angegeben; russische Namen werden in der Transkription nach Steinitz und zusätzlich (in Klammern) in der bibliothekarischen Transkription wiedergegeben. In den Fällen, wo das Todesjahr nicht ermittelt werden konnte, wird ein anderer letzter Nachweis angeführt (z. B. der Eintritt in den Ruhestand). Die Berufsbezeichnung „Mathematiker" oder „Physiker" bedeutet zugleich, als (ordentlicher, außerordentlicher) Professor oder Privatdozent an einer Universität oder Hochschule (Polytechnikum, Bauakademie, Gewerbeschule usw.) in mindestens einem der angeführten Orte tätig gewesen zu sein. „Lehrer" wird als Sammelbezeichnung unabhängig von der jeweiligen Stellung und dem jeweiligen Schultyp verwendet (z. B. für Gymnasialprofessoren, Oberlehrer, Oberreallehrer, Reallehrer an Gymnasien, Progymnasien, Realgymnasien, Bürgerschulen, Oberrealschulen, Realschulen usw.). „Lehrer (Direktor) in ..." bedeutet in mindestens einem der angegebenen Orte als Direktor tätig gewesen zu sein. Die Wirkungsstätten werden in chronologischer Reihenfolge mit ihren damals gültigen Namen angegeben (z. B. Christiania (nicht: Oslo), Helsingfors (nicht: Helsinki), Braunsberg (nicht: Braniewo); tritt ein Ort zweimal auf, wird der spätere Zeitpunkt berücksichtigt). Um den Bezug zu Berlin und insbesondere zu Weierstraß etwas deutlicher werden zu lassen, wird vermerkt, ob ein Studium (auch postgradual) ganz oder teilweise in Berlin aufgenommen wurde (sofern dies ermittelt werden konnte); dabei bezieht sich die Angabe von Jahreszahlen entweder auf das Studium insgesamt („Studium (∗–∗) in ...") oder nur auf die Studienzeit in Berlin („... in Berlin (∗–∗) ..."). In Berlin erfolgte Promotionen werden angeführt (bei Mathematikern mit Erwähnung des Erst- und des Zweitgutachters). Einige Fotos sind mit Widmungen oder Bemerkungen versehen, die hier unverändert, ggf. unter Weglassung des Namens, der Stellung oder der Titel (um Wiederholungen zu vermeiden), wiedergegeben werden.
(Die Abkürzung (BMV) bedeutet: Mitglied des Berliner Mathematischen Vereins.)

List of People

Featured in the Album in Order of Appearance

Preliminary remark: The only first name given is the name by which the person was known; Russian names are given according to Steinitz's transcription, and additionally (in brackets) according to library transcription. In cases where the year of death was not available some other last known date is given (e.g. date of retirement). The career title 'mathematician' or 'physicist' implies having been employed as a professor or Privatdozent (private teacher) at a university or college (polytechnic, technical or trade school etc.) in at least one of the places mentioned. The word 'teacher' is used as a general term, independent of the position and kind of school. 'Teacher (headmaster) in ... ' means that the person was a headmaster in at least one of the places mentioned. Places of work are listed in chronological order and with their 19th Century names (e.g. Christiania (not Oslo), Helsingfors (not Helsinki), Braunsberg (not Braniewo); if a place occurs twice the later date is mentioned). In order to make the relationship to Berlin, and especially to Weierstrass, somewhat clearer, it is also noted whether a person studied in Berlin (including post-graduate studies) for some or all of the time (as far as this was possible to determine); thus the years given either refer to the complete period of study ('Studied (∗–∗) in ...') or just that in Berlin ('... in Berlin (∗–∗) ...'). Doctorates gained in Berlin are referred to (for mathematicians the first and second supervisors are also mentioned). Several photos come with dedications or remarks, which are here reproduced with the original text, occasionally omitting name, position or title (in order to avoid repetition).
(The abbreviation (BMV) means: member of the Berliner Mathematischer Verein.)

Band 1

Die Fotos auf jeder Seite des Albums sind numeriert. Zur Angabe der Stelle, an der sich ein Foto befindet, wird eine aus zwei Zahlen bestehende Kombination nach folgendem Muster verwendet:
18.6. – das Foto Nr. 6 auf der Seite 18.

Seite 1 · *Page 1*

1.1. **Hieronymus Georg Zeuthen**
1839–1920
Mathematiker und Mathematikhistoriker in Kopenhagen
Mathematician and historian of mathematics in Copenhagen
(Foto: Kopenhagen)

1.2. **Jørgen Pedersen Gram**
1850–1916
Mathematiker in Kopenhagen, Direktor einer Versicherungsgesellschaft, Vorsitzender des Dänischen Versicherungsrates
Mathematician in Copenhagen, managing director of an insurance company, chairman of the Danish Insurance Council
(Foto: Kopenhagen)

1.3. **Thorvald Nicolai Thiele**
1838–1910
Astronom und Mathematiker in Kopenhagen, Chefmathematiker einer Versicherungsgesellschaft
Astronomer and mathematician in Copenhagen; chief actuary of an insurance company
(Foto: Kopenhagen)

1.4. **Ludvig Valentin Lorenz**
1829–1891
Physiker in Kopenhagen
Physicist in Copenhagen
(Foto: Kopenhagen)

1.5. **Peter Christian Vilhelm Hansen**
1844–1917
Mathematiker in Kopenhagen. Studienaufenthalt in Berlin (1879–1880)
Mathematician in Copenhagen. Studied in Berlin (1879–1880)
(Foto: Kopenhagen)

Volume 1

The photos on each page of the album are numbered. Two numbers are used to locate the position of a photo in the album, for example,
18.6. – Photo Nr. 6 on page 18.

1.6. **Herman Valentiner**
1850–1913
Mathematiker in Kopenhagen, Direktor einer Versicherungsgesellschaft
Mathematician in Copenhagen; managing director of an insurance company
(Foto: Kopenhagen)

1.7. **Julius Petersen**
1839–1910
Mathematiker in Kopenhagen
Mathematician in Copenhagen
(Foto: Kopenhagen)

Seite 2 · *Page 2*

2.1. **George Salmon**
1819–1904
Mathematiker und (später) Theologe in Dublin, Leiter (ab 1888) des Trinity College in Dublin
Mathematician and (later) theologian in Dublin; Head (after 1888) of the Trinity College in Dublin
(Foto: Dublin)

2.2. **Christian Juel**
1855–1935
Mathematiker in Kopenhagen
Mathematician in Copenhagen
(Foto: Kopenhagen)

2.3. **Christian Crone**
1851–1930
Mathematiker in Kopenhagen
Mathematician in Copenhagen
(Foto: Kopenhagen)

2.4. **Arthur Cayley**
1821–1895
Zunächst Rechtsanwalt, dann Mathematiker in Cambridge
First lawyer, later mathematician in Cambridge
(Foto: London)

2.5. **Joseph Alfred Serret**
1819–1885
Mathematiker in Paris
Mathematician in Paris
(Foto: Paris)

2.6. Emile Picard
1856–1941
Mathematiker in Paris
Mathematician in Paris
(Foto: Paris)

2.7. Charles Hermite
1822–1901
Mathematiker in Paris. Nannte Weierstraß „notre maître à tous"
Mathematician in Paris. Called Weierstrass 'notre maître à tous'
(Foto: Paris)

Seite 3 · Page 3

3.1. Constantin Le Paige
1852–1929
Mathematiker, Astronom und Geodät in Lüttich
Mathematician, astronomer and geodesist in Liège
(Foto: Lüttich)

3.2. Jules Molk
1857–1914
Mathematiker und Physiker in Besançon und Nancy. Studium in Berlin (1881–1884) (BMV)
Mathematician and physicist in Besançon and Nancy. Studied in Berlin (1881–1884) (BMV)
(Foto: Berlin)

3.3. Paul Mansion
1844–1919
Mathematiker und Mathematikhistoriker in Gent
Widmung: „A Monsieur le Professeur Weierstrass, hommage d'un admirateur de son beau talent qui a eu l'honneur d'être reçu et encouragé par lui en 1870. Dr. P. Mansion"
Mathematician and historian of mathematics in Ghent
(Foto: Gent)

3.4. Felice Casorati
1835–1890
Mathematiker in Pavia und Mailand
Auf der Rückseite: „Vom Standpunkte der heutigen Functionenlehre aus mus[s] anerkannt werden, dass Göpel Recht hatte, ... W. in Jacobi's G. W. B. 2. p. 516. [...]"
Mathematician in Pavia and Milan
(Foto: Pavia)

3.5. Salvatore Pincherle
1853–1936
Lehrer in Pavia, Mathematiker in Palermo und Bologna. Studium in Berlin (1877–1878) (BMV)
Teacher in Pavia, mathematician in Palermo and Bologna. Studied in Berlin (1877–1878) (BMV)
(Foto: Bologna, Modena)

3.6. Angelo Genocchi
1817–1889
Mathematiker in Turin (zuvor Jurist in Piacenza)
Mathematician in Turin (beforehand lawyer in Piacenza)
(Foto: Turin)

3.7. Guiseppe Battaglini
1826–1894
Mathematiker in Neapel und Rom
Mathematician in Naples and Rome
(Foto: Rom)

Seite 4 · Page 4

4.1. Georg Borenius
1858–(noch 1920 erwähnt)
Lehrer in Stockholm und Helsingfors. Sohn des Mathematikers und Physikers Henrik Gustaf Borenius. Studium in Berlin (1884–1885, 1887) (BMV)
Teacher in Stockholm and Helsingfors. Son of the mathematician and physicist Henrik Gustaf Borenius. Studied in Berlin (1884–1885, 1887) (BMV). Still mentioned in 1920
(Foto: Helsingfors)

4.2. Onni Hallstén
1858–1937
Finnischer Sozialpolitiker, Kanzleirat. Studium in Berlin (1881–1882, 1882–1883) (BMV)
Finnish social politician, civil servant. Studied in Berlin (1881–1882, 1882–1883) (BMV)
(Foto: Helsingfors; mit beigefügter Visitenkarte)

4.3. Hjalmar Mellin
1854–1933
Mathematiker in Helsingfors. Studium in Berlin (1881–1882) (BMV). Schüler von Mittag-Leffler
Mathematician in Helsingfors. Studied in Berlin (1881–1882) (BMV). Pupil of Mittag-Leffler
(Foto: Helsingfors)

4.4. **August Ramsay**
1859–1943
Finnischer Ökonom. Studium in Berlin (1880–1881)
(BMV)
Finnish economist. Studied in Berlin (1880–1881)
(BMV)
(Foto: Helsingfors)

4.5. **Matwei Alexandrowitsch Tichomandrizki**
(Matveij Aleksandrovič Tichomandrizkij)
1844–1921
Mathematiker in Charkow. Aufenthalt in Berlin (1884). Verfaßte Nekrolog auf Weierstraß
Mathematician in Kharkov. Stay in Berlin (1884). Wrote an obituary for Weierstrass.
(Foto: Charkow)

4.6. **Alexandr Andrejewitsch Kljuschnikow**
(Aleksandr Andreevič Kljušnikov)
Lehrer am 1. Charkower Gymnasium. Mitglied der Charkower Mathematischen Gesellschaft. Beendete 1881 sein Studium an der Universität Charkow. Nicht vor 1913 verstorben
Teacher at 1st Kharkov grammar school. Member of the Kharkov Mathematics Society. Finished studying at the Kharkov University in 1881. Died not before 1913
(Foto: Berlin)

4.7. **Ferdinand Minding**
1806–1885
Mathematiker in Berlin (1831–1843) und Dorpat. Studium in Halle und Berlin (1825–1827) (Autodidakt auf mathematischem Gebiet). Habilitation 1830 in Berlin (Dirksen, Oltmanns, Ideler)
Mathematician in Berlin (1831–1843) and Dorpat (autodidact in mathematics). Studied in Halle and Berlin (1825–1827). 1830 habilitated in Berlin (Dirksen, Oltmanns, Ideler)
(Foto: Dorpat)

Seite 5 · *Page 5*

5.1. **Konstantin Alexandrowitsch Posse**
(Konstantin Aleksandrovič Posse)
1847–1928
Mathematiker in St. Petersburg
Mathematician in St. Petersburg
(Foto: St. Petersburg)

5.2. **Jan Ptaszycki**
1854–1912
Mathematiker in St. Petersburg
Mathematician in St. Petersburg
(Foto: St. Petersburg)

5.3. **Dmitri Konstantinowitsch Bobylew**
(Dmitrij Konstantinovič Bobylev)
1842–1917
Physiker und Mathematiker in St. Petersburg
Physicist and mathematician in St. Petersburg
(Foto: St. Petersburg)

5.4. **R. N. von Grychin**
(R. N. fon Grychin)
Auf der Rückseite: „*membre du Comité scientifique au Minist. de l'Instr. Publique et de la Société physico-chimique russe à l'Université de S.-Pétersbourg. Conseiller d'état.*"
(Foto: St. Petersburg)

5.5. **Dmitri Fjodorowitsch Seliwanow**
(Dmitrij Fedorovič Selivanov)
1855–1932
Mathematiker in St. Petersburg. Studium in Berlin (1880–1881, 1882–1884) (BMV)
Widmung: „*Herrn Prof. Weierstrass in dankbarer Verehrung von seinem Schüler Demetrius Seliwanoff*"
Mathematician in St. Petersburg. Studied in Berlin (1880–1881, 1882–1884) (BMV)
(Foto: Berlin)

5.6. **Nikolai Jegorowitsch Shukowski**
(Nikolaj Egorovič Žukovskij)
1847–1921
Mathematiker in Moskau
Mathematician in Moscow
(Foto: Moskau)

5.7. **Pjotr Wassiljewitsch Preobrashenski**
(Petr Vasil'evič Preobraženskij)
1851–(wahrscheinlich 1912 oder 1913 verstorben)
Mathematiker in Moskau
Widmung: „*A Monsieur Weierstrass avec le plus profond respect*"
Mathematician in Moscow. Died probably 1912 or 1913
(Foto: Moskau)

Seite 6 · *Page 6*

6.1. **Nikolai Nikolajewitsch Schiller**
(Nikolaj Nikolaevič Šiller)
1848–1910
Physiker in Kiew und Charkow. Studium in Berlin (1872–1874) (BMV)
Physicist in Kiev and Kharkov. Studied in Berlin (1872–1874) (BMV)
(Foto: Kiew)

6.2. Ivar Bendixson
1861–1935
Norwegischer Mathematiker in Stockholm
Norwegian mathematician in Stockholm
(Foto: Stockholm)

6.3. Edvard Phragmén
1863–1937
Mathematiker in Stockholm
Mathematician in Stockholm
(Foto: Stockholm)

6.4. Sofja Wassiljewna Kowalewskaja
(Sof'ja Vasil'evna Kovalevskaja)
1850–1891
Russische Mathematikerin in Stockholm. Studium in Berlin (1870–1874), mehrere Aufenthalte in Berlin ab 1880. Schülerin von Weierstraß
Russian mathematician in Stockholm. Studied in Berlin (1870–1874). Frequent periods in Berlin after 1880. Pupil of Weierstrass
(Foto: Stockholm)

6.5. Matths Falk
1841–1926
Mathematiker in Upsala. Studienaufenthalt in Berlin (1885)
Mathematician in Uppsala. Studied in Berlin (1885)
(Foto: Upsala)

6.6. Herman Schultz
1823–1890
Astronom, Direktor der Sternwarte in Upsala. Während eines Auslandsaufenthaltes (1857–1859) längere Zeit an der Berliner Sternwarte
Astronomer, director of Uppsala's observatory. During a visit abroad (1857–1859) for a long period at Berlin observatory
(Foto: Upsala)

6.7. Victor Bäcklund
1845–1922
Mathematiker in Lund
Mathematician in Lund
(Foto: Lund)

Seite 7 · *Page 7*

7.1. Ludvig Sylow
1832–1918
Lehrer in Frederikshald, Mathematiker in Christiania. Studienaufenthalt in Berlin (1861)
Teacher in Frederikshald, mathematician in Christiania. Studied in Berlin (1861)
(Foto: Christiania)

7.2. Emanuel Björling
1839–1910
Mathematiker in Upsala und Lund
Mathematician in Uppsala and Lund
(Foto: Lund)

7.3. Carl Anton Bjerknes
1825–1903
Mathematiker und Physiker in Christiania
Mathematician and physicist in Christiania
(Foto: Christiania)

7.4. Ole Jacob Broch
1818–1889
Norwegischer Mathematiker, Physiker, Statistiker und Politiker. Während eines Auslandsstudiums (1840–1842) auch in Berlin
Widmung: „Seinem hochverehrten Freunde Hrn. Weierstrass zum Andenken Dr. O. J. Broch"
Norwegian mathematician, physicist, statistician and politician. During a stay abroad (1840–1842) also in Berlin
(Foto: Paris)

7.5. Sophus Lie
1842–1899
Norwegischer Mathematiker in Christiania und Leipzig. Studium in Berlin (1867–1870)
Norwegian mathematician in Christiania and Leipzig. Studied in Berlin (1867–1870)
(Foto: Christiania)

[7.6.] Kein Porträt · *No portrait*

7.7. Eugen Im Hof (Imhof)
1847–1930
Lehrer (Direktor) in Brugg, Aargau und Schaffhausen. Studium in Berlin (1869–1871) (BMV)
Teacher (headmaster) in Brugg, Aargau and Schaffhausen. Studied in Berlin (1869–1871) (BMV)
(Foto: Winterthur)

Seite 8 · *Page 8*

8.1. Moritz Abraham Stern
1807–1894
Mathematiker in Göttingen
Mathematician in Göttingen
(Foto: Bern)

8.2. Heinrich Graf
1852–1918
Mathematiker in Bern
Mathematician in Bern
(Foto: Bern)

8.3. **Ulrich Bigler**

1853–1941

Lehrer, Mathematiker in Bern, Aarau und St. Gallen
Teacher, mathematician in Bern, Aarau and St. Gallen

(Foto: Bern)

8.4. **Ludwig Schläfli**

1814–1895

Mathematiker in Bern. Aufenthalt in Berlin im Winter 1873/74
Mathematician in Bern. Stay in Berlin (winter 1873/74)

(Foto: Bern)

8.5. **Gabriel Oltramare**

1816–1906

Lehrer in Frutingen und Aarau, Mathematiker in Genf
Widmung: „à M. Weierstrass, prof. à l'université de Berlin. Monsieur le Professeur, Permettez-moi de me joindre aux félicitations de vos collègues et amis dans cette journée du 31 Oct 1885. Agréez, Monsieur le Professeur, l'expression de ma haute considération"
Teacher in Frutingen and Aarau, mathematician in Geneva

(Foto: Genf)

8.6. **Jules Marguet**

1817–1888

Mathematiker in Lausanne. Gründer der *École technique* in Lausanne
Widmung: „A Monsieur Weierstrass, hommage respectueux; reconnaissance pour les eminents services qu'il a rendus et rendra encore à la science."
Mathematician in Lausanne. Founder of the École technique in Lausanne

(Foto: Lausanne)

[8.7.] Kein Porträt · *No portrait*

Seite 9 · *Page 9*

9.1. **Rudolf Wolf**

1816–1893

Astronom in Bern und Zürich. Gründer der Eidgenössischen Sternwarte in Zürich
Astronomer in Bern and Zurich. Founder of the observatory in Zurich

(Foto: Zürich)

9.2. **Ferdinand Rudio**

1856–1929

Mathematiker in Zürich. Studium in Berlin (1877–1878, 1879–1880) (BMV). Promotion 1880 in Berlin (Kummer, Weierstraß). Bearbeiter von Weierstraß-Vorlesungen für die Werkausgabe (Bd. 7)
Mathematician in Zurich. Studied in Berlin (1877–1878, 1879–1880) (BMV). Doctorate 1880 in Berlin (Kummer, Weierstrass). Revisor of lectures of Weierstrass used for the collected work edition (vol. 7)

(Foto: Zürich)

9.3. **Friedrich Schottky**

1851–1935

Mathematiker in Zürich, Marburg und Berlin. Studium in Breslau und Berlin (1871–1873). Promotion 1875 in Berlin (Weierstraß, Kummer)
Mathematician in Zurich, Marburg and Berlin. Studied in Berlin (1871–1873). Doctorate 1875 in Berlin (Weierstrass, Kummer)

(Foto: Zürich)

9.4. **Georg Frobenius**

1849–1917

Deutscher Mathematiker in Zürich und Berlin. Studium in Berlin (1867–1870). Promotion 1870 in Berlin (Weierstraß, Kummer)
German mathematician in Zurich and Berlin. Studied in Berlin (1867–1870). Doctorate 1870 in Berlin (Weierstrass, Kummer)

(Foto: Berlin)

9.5. **Arnold Meyer**

1844–1896

Lehrer in Winterthur und Zürich, Mathematiker in Zürich. Studium in Berlin (1866–1867)
Teacher in Winterthur and Zurich, mathematician in Zurich. Studied in Berlin (1866–1867)

(Foto: Zürich)

9.6. **Hans Meyer**

1852–1921

Lehrer in St. Gallen. Studium in Berlin (1875–1878) (BMV). Schüler von H. A. Schwarz
Teacher in St. Gallen. Studied in Berlin (1875–1878) (BMV). Pupil of H. A. Schwarz

(Foto: Berlin)

9.7. Carl Friedrich Geiser

1843–1934

Mathematiker in Zürich. Studium in Berlin (1861–1863). Organisator und Präsident des 1. Internationalen Mathematiker-Kongresses 1897 in Zürich. Neffe von J. Steiner

Mathematician in Zurich. Studied in Berlin (1861–1863). Organizer and president of the 1st International Congress of Mathematicians, Zurich 1897. Nephew of J. Steiner

(Foto: Zürich)

Seite 10 · Page 10

10.1. Victor von Lang

1838–1921

Physiker in London, Graz und Wien

Physicist in London, Graz and Vienna

(Foto: Wien)

10.2. Gustav Kohn

1859–1921

Mathematiker in Wien. Studium in Berlin (1882–1883) (BMV)

Auf der Rückseite: „*ein Verehrer und dankbarer Schüler aus dem S[emester] 1882/83*"

Mathematician in Vienna. Studied in Berlin (1882–1883) (BMV)

(Foto: Straßburg)

10.3. Emil Weyr

1848–1894

Mathematiker in Prag und Wien

Mathematician in Prague and Vienna

(Foto: Náchod)

10.4. Franz Mertens

1840–1927

Mathematiker in Krakau, Graz und Wien. Studium in Berlin (1860–1864). Promotion 1864 in Berlin (Kummer). Für die Werkausgabe (Bd.5) wurde ein Manuskript verwendet, das Weierstraß ihm diktiert hatte

Mathematician in Crakow, Graz and Vienna. Studied in Berlin (1860–1864). For the collected work edition a manuscript was used dictated to him by Weierstrass

(Foto: Krakau)

10.5. Otto Stolz

1842–1905

Mathematiker in Wien und Innsbruck. Studium in Berlin (1869–1871) (BMV)

Mathematician in Vienna and Innsbruck. Studied in Berlin (1869–1871) (BMV)

(Foto: Innsbruck)

10.6. Ludwig Boltzmann

1844–1906

Physiker in Wien, Graz, München und Leipzig

Widmung: „*Seinem hochverehrten Lehrer Herrn Prof. Weierstrass*"

Physicist in Vienna, Graz, Munich and Leipzig

(Foto: Graz)

10.7. Leopold Gegenbauer

1849–1903

Mathematiker in Czernowitz, Innsbruck und Wien. Studium in Berlin (1873–1875) (BMV)

Mathematician in Czernowitz, Innsbruck and Vienna. Studied in Berlin (1873–1875) (BMV)

(Foto: Rom)

Seite 11 · Page 11

11.1. Wawrzyniec Żmurko

1824–1899

Polnischer Mathematiker in Lemberg

Polish mathematician in Lemberg

(Foto: Lemberg)

11.2. Oscar Fabian

1846–1899

Mathematiker und Physiker in Lemberg

Mathematician and physicist in Lemberg

(Foto: Wien)

11.3. Placyd Dziwiński

1851–1936

Lehrer und Mathematiker in Jaroslau und Lemberg. Studium in Berlin (1883–1884) (BMV)

Teacher and mathematician in Jaroslau and Lemberg. Studied in Berlin (1883–1884) (BMV)

(Foto: Lemberg)

11.4. Ladislaus Weinek

1848–1913

Astronom in Leipzig und Prag, Direktor der Sternwarte in Prag. Studium in Berlin (1871)

Astronomer in Leipzig and Prague, director of Prague's observatory. Studied in Berlin (1871)

(Foto: Leipzig, Altenburg)

11.5. **Otto Biermann**

1858–1909

Lehrer in Klagenfurt und Prag, Mathematiker in Brünn. Studium in Berlin (1881–1882) (BMV)

Teacher in Klagenfurt and Prague, mathematician in Brno. Studied in Berlin (1881–1882) (BMV)

(Foto: Prag)

11.6. **Georg Pick**

1859–1942

Mathematiker in Prag. Mit 80 Jahren Deportation nach Theresienstadt

Mathematician in Prague. At the age of 80 deported to Theresienstadt

(Foto: Prag)

11.7. **Ferdinand Lippich**

1838–1913

Physiker und Mathematiker in Graz und Prag

Physicist and mathematician in Graz and Prague

(Foto: Prag)

Seite 12 · *Page 12*

12.1. **Gustav Albrecht**

1858–(nicht vor 1902 verstorben)

Lehrer in Mährisch-Trübau, Kremsier, Olmütz und Brünn. Studium in Berlin (1878–1879) (BMV) Widmung: „*Seinem hochverehrten Lehrer Hrn. Prof. Weierstrass in dankbarer Erinnerung*"

Teacher in Mährisch-Trübau, Kremsier, Olomouc and Brno. Studied in Berlin (1878–1879) (BMV). Died not before 1902

(Foto: Wien)

[12.2.] Kein Porträt · *No portrait*

[12.3.] Kein Porträt · *No portrait*

12.4. **Gyula (Julius) Vályi**

1855–1913

Mathematiker in Klausenburg. Studium in Berlin (1878–1880) (BMV)

Mathematician in Klausenburg. Studied in Berlin (1878–1880) (BMV)

(Foto: Klausenburg)

12.5. **Cyparissos Stephanos**

1857–1917

Mathematiker in Athen

Mathematician in Athens

(Foto: York)

12.6. **Johannes Hazzidakis (Hatzidakis)**

1844–1921

Mathematiker in Athen. Studium in Berlin (1870–1873)

Mathematician in Athens. Studied in Berlin (1870–1873)

(Foto: Athen)

12.7. **Victor Knorre**

1840–1919

Observator an der Sternwarte in Berlin. Studium in Berlin (1862–1866, 1867). Promotion 1867 in Berlin

Astronomer at Berlin observatory. Studied in Berlin (1862–1866, 1867). Doctorate 1867 in Berlin

(Foto: Berlin)

Seite 13 · *Page 13*

13.1. **Arthur von Auwers**

1838–1915

Astronom in Königsberg, Gotha und Berlin

Astronomer in Königsberg, Gotha and Berlin

(Foto: Berlin)

13.2. **Georg Hettner**

1854–1914

Mathematiker in Göttingen und Berlin. Studium in Berlin (1873–1877) (BMV). Promotion 1877 in Berlin (Weierstraß, Kummer). Mitarbeit an der Werkausgabe

Mathematician in Göttingen and Berlin. Studied in Berlin (1873–1877) (BMV). Doctorate 1877 in Berlin (Weierstrass, Kummer). Was involved in the collected works

(Foto: Dresden)

13.3. **Eugen Netto**

1846–1919

Lehrer, Mathematiker in Straßburg, Berlin und Gießen. Studium in Berlin (1866–1870) (BMV). Promotion 1870 in Berlin (Weierstraß, Kummer)

Teacher, mathematician in Strasbourg, Berlin and Giessen. Studied in Berlin (1866–1870) (BMV). Doctorate 1870 in Berlin (Weierstrass, Kummer)

(Foto: Berlin)

13.4. **Rudolf Lehmann-Filhés**

1854–1914

Astronom und Mathematiker in Berlin. Studium in Berlin (1876–1878). Promotion 1878 in Berlin

Astronomer and mathematician in Berlin. Studied in Berlin (1876–1878). Doctorate 1878 in Berlin

(Foto: Berlin)

13.5. Johannes Knoblauch
1855–1915

Lehrer und Mathematiker in Berlin. Studium in Berlin (1874–1876) (BMV). Promotion 1882 in Berlin (Weierstraß, Kirchhoff). Maßgeblich beteiligt an der Ausgabe der Gesammelten Werke von Weierstraß. Übergab das Fotoalbum dem Kupferstichkabinett Berlin

Teacher and mathematician in Berlin. Studied in Berlin (1874–1876) (BMV). Doctorate 1882 in Berlin (Weierstrass, Kirchhoff). Substantially involved in the collected work edition. Presented the photo album to Berlin's Kupferstichkabinett

(Foto: Berlin)

13.6. Carl Runge
1856–1927

Mathematiker in Berlin, Hannover und Göttingen. Erster Professor für angewandte Mathematik in Deutschland. Studium in Berlin (1877–1880) (BMV). Promotion 1880 in Berlin (Kummer, Weierstraß). Habilitation 1883 in Berlin (Weierstraß, Kummer). Bearbeiter von Weierstraß-Vorlesungen für die Werkausgabe (Bd.7). Verfaßte Erinnerungen an Weierstraß

Mathematician in Berlin, Hannover and Göttingen. First professorship for applied mathematics in Germany. Studied in Berlin (1877–1880) (BMV). Doctorate 1880 in Berlin (Kummer, Weierstrass). 1883 habilitated in Berlin (Weierstrass, Kummer). Editor of Weierstrass's lectures for the collected work edition (vol. 7). Author of recollections of Weierstrass

(Foto: Berlin)

13.7. Arthur König
1856–1901

Physiker in Berlin. Studium in Berlin (1879–1882). Promotion 1882 in Berlin

Physicist in Berlin. Studied in Berlin (1879–1882). Doctorate 1882 in Berlin

(Foto: Berlin)

Seite 14 · *Page 14*

14.1. Reinhold von Lilienthal
1857–1935

Mathematiker in Bonn, Santiago de Chile und Münster. Studium in Berlin (1876–1877, 1878–1879) (BMV). Promotion 1882 in Berlin (Weierstraß, Kummer). Autor eines biographischen Artikels über Weierstraß

Mathematician in Bonn, Santiago de Chile and Münster. Studied in Berlin (1876–1877, 1878–1879) (BMV). Doctorate 1882 in Berlin (Weierstrass, Kummer). Author of recollections of Weierstrass

(Foto: Bonn)

14.2. Hermann Kortum
1836–1904

Lehrer in Köln, Mathematiker in Bonn. Studium in Berlin (1858–1859)

Teacher in Cologne, mathematician in Bonn. Studied in Berlin (1858–1859)

(Foto: Köln, Bonn)

14.3. Eduard Ketteler
1836–1900

Physiker in Bonn und Münster. Studium in Berlin (1857–1859). Promotion 1860 in Berlin

Physicist in Bonn and Münster. Studied in Berlin (1857–1859). Doctorate 1860 in Berlin

(Foto: Köln)

14.4. Rudolf Lipschitz
1832–1903

Lehrer in Elbing, Mathematiker in Breslau und Bonn. Studium in Königsberg und Berlin (1850–1853). Promotion 1853 in Berlin (Ohm, Dirichlet)

Teacher in Elbing, mathematician in Breslau and Bonn. Studied in Königsberg and Berlin (1850–1853). Doctorate 1853 in Berlin (Ohm, Dirichlet)

(Foto: Bonn)

14.5. Eugen von Lommel
1837–1899

Lehrer in Schwyz und Zürich, Physiker in Hohenheim, Erlangen und München

Teacher in Schwyz and Zurich, physicist in Hohenheim, Erlangen and Munich

(Foto: Erlangen, Forchheim)

14.6. **Paul Gordan**

1837–1912

Mathematiker in Gießen und Erlangen. Studium in Berlin (1855–1856, 1856–1857). Promotion 1862 in Berlin (Kummer, Encke)

Mathematician in Giessen and Erlangen. Studied in Berlin (1855–1856, 1856–1857). Doctorate 1862 in Berlin (Kummer, Encke)

(Foto: Frankfurt (Main))

14.7. **Max Noether**

1844–1921

Mathematiker in Erlangen

Widmung: „Hrn. Weierstraß in Verehrung"

Mathematician in Erlangen

(Foto: Wiesbaden)

Seite 15 · *Page 15*

15.1. **Jakob Rosanes**

1842–1922

Mathematiker in Breslau. Studium (1860–1866) in Breslau und Berlin

Mathematician in Breslau. Studied (1860–1866) in Breslau and Berlin

(Foto: Breslau)

15.2. **Oskar Emil Meyer**

1834–1905

Physiker in Göttingen und Breslau

Physicist in Göttingen and Breslau

(Foto: Breslau)

15.3. **Otto Staude**

1857–1928

Mathematiker in Breslau, Dorpat und Rostock

Mathematician in Breslau, Dorpat and Rostock

(Foto: Breslau)

15.4. **Heinrich Schroeter**

1829–1892

Mathematiker in Breslau. Studium (1848–1854) in Königsberg und Berlin

Widmung: „Als Zeichen der Verehrung und Dankbarkeit überreicht"

Mathematician in Breslau. Studied (1848–1854) in Königsberg and Berlin

(Foto: Breslau)

15.5. **Jakob Lüroth**

1844–1910

Mathematiker in Karlsruhe, München und Freiburg (Breisgau). Studium in Berlin (1865–1867) (BMV)

Mathematician in Karlsruhe, Munich and Freiburg (Breisgau). Studied in Berlin (1865–1867) (BMV)

(Foto: Karlsruhe)

15.6. **Ludwig Stickelberger**

1850–1936

Schweizer Mathematiker in Zürich und Freiburg (Breisgau). Studium in Berlin (1869–1872) (BMV). Promotion 1874 in Berlin (Weierstraß, Kummer)

Swiss mathematician in Zurich and Freiburg (Breisgau). Studied in Berlin (1869–1872) (BMV). Doctorate 1874 in Berlin (Weierstrass, Kummer)

(Foto: Freiburg (Breisgau), Mannheim)

15.7. **Emil Warburg**

1846–1931

Physiker in Berlin, Straßburg und Freiburg (Breisgau). Promotion 1867 in Berlin. Präsident (1905–1922) der Physikalisch-Technischen Reichsanstalt Berlin

Physicist in Berlin, Strasbourg and Freiburg (Breisgau). Doctorate 1867 in Berlin. President (1905–1922) of the Physikalisch-Technische Reichsanstalt Berlin

(Foto: Freiburg (Breisgau), Mannheim)

Seite 16 · *Page 16*

16.1. **Richard Baltzer**

1818–1887

Lehrer und Mathematiker in Gießen

Teacher and mathematician in Giessen

(Foto: Gießen)

16.2. **Wilhelm Killing**

1847–1923

Lehrer und Mathematiker in Brilon, Braunsberg und Münster. Studium in Berlin (1867–1869, 1871–1872) (BMV). Promotion 1872 in Berlin (Weierstraß, Kummer). Publizierte einen biographischen Artikel über Weierstraß

Teacher and mathematician in Brilon, Braunsberg and Münster. Studied in Berlin (1867–1869, 1871–1872) (BMV). Doctorate 1872 in Berlin (Weierstrass, Kummer). Published a biographical article about Weierstrass

(Foto: Braunsberg)

16.3. Moritz Pasch
1843–1930

Mathematiker in Gießen. Studium in Breslau und Berlin (1865–1866)

Mathematician in Giessen. Studied in Berlin (1865–1866)

(Foto: Gießen, Berlin)

16.4. Hermann Amandus Schwarz
1843–1921

Mathematiker in Halle, Zürich, Göttingen und Berlin. Studium in Berlin (1860–1866) (BMV). Promotion 1864 in Berlin (Kummer). Nachfolger von Weierstraß (1892). Gründungsmitglied des Berliner Mathematischen Vereins

Mathematician in Halle, Zurich, Göttingen and Berlin. Studied in Berlin (1860–1866) (BMV). Doctorate 1864 in Berlin. Successor of Weierstrass (1892). Co-founder of the Berliner Mathematischer Verein

(Foto: Göttingen)

16.5. Otto Hölder
1859–1937

Lehrer, Mathematiker in Göttingen, Tübingen, Königsberg und Leipzig. Studium in Berlin (1878–1880)

Teacher, mathematician in Göttingen, Tübingen, Königsberg and Leipzig. Studied in Berlin (1878–1880)

(Foto: Stuttgart)

16.6. Arthur Schönflies
1853–1928

Lehrer in Berlin und Colmar, Mathematiker in Göttingen, Königsberg und Frankfurt (Main). Studium in Berlin (1870–1875) (BMV). Promotion 1877 in Berlin (Kummer, Weierstraß)

Teacher in Berlin and Colmar, mathematician in Göttingen, Königsberg and Frankfurt (Main). Studied in Berlin (1870–1875) (BMV). Doctorate 1877 in Berlin (Kummer, Weierstrass)

(Foto: Berlin)

16.7. Georg Hanssen
1809–1894

Agrarhistoriker und Ökonom in Kiel, Kopenhagen, Leipzig, Berlin (1860–1869) und Göttingen. Gründete die Landwirtschaftliche Akademie Göttingen-Weende. Ehrenbürger von Kiel

Historian of agriculture and economist in Kiel, Copenhagen, Leipzig, Berlin (1860–1869) and Göttingen. Founder of the Landwirtschaftliche Akademie Göttingen-Weende. Honorary citizen of Kiel

(Foto: Göttingen)

Seite 17 · *Page 17*

17.1. Ernst Friedrich Dürre
1834–1905

Technologe (Rektor) in Aachen

Technologist (rector) in Aachen

(Foto: Aachen)

17.2. Bernhard Minnigerode
1837–1896

Mathematiker in Göttingen und Greifswald

Mathematician in Göttingen and Greifswald

(Foto: Greifswald)

17.3. Wilhelm Holtz
1836–1913

Physiker in Greifswald. Studium in Dijon, Edinburgh und Berlin (1860–1861)

Physicist in Greifswald. Studied in Dijon, Edinburgh and Berlin (1860–1861)

(Foto: Hannover)

17.4. Hermann Knoblauch
1820–1895

Physiker in Berlin, Marburg und Halle. Studium in Berlin (1841–1845). Promotion 1847 in Berlin. Präsident (1878–1895) der Leopoldina. Vater von Johannes Knoblauch

Physicist in Berlin, Marburg and Halle. Studied in Berlin (1841–1845). Doctorate 1847 in Berlin. President (1878–1895) of the Leopoldina. Father of Johannes Knoblauch

(Foto: Berlin)

17.5. Georg Cantor
1845–1918

Mathematiker in Berlin und Halle. Studium (1862–1867) in Zürich, Göttingen und Berlin (BMV). Promotion 1867 in Berlin (Kummer, Weierstraß). Maßgeblich beteiligt an der Gründung der Deutschen Mathematiker-Vereinigung (1890)

Mathematician in Berlin and Halle. Studied (1862–1867) in Zurich, Göttingen and Berlin (BMV). Doctorate 1867 in Berlin (Kummer, Weierstrass). Played an essential role in the foundation of the Deutsche Mathematiker-Vereinigung (1890)

(Foto: Halle)

17.6. Albert Wangerin
1844–1933

Lehrer, Mathematiker in Posen, Berlin und Halle. Präsident (1906–1921) der Leopoldina

Teacher, mathematician in Posen, Berlin and Halle. President (1906–1921) of the Leopoldina

(Foto: Halle)

17.7. **Eduard Wiltheiss**

1855–1900

Mathematiker in Halle. Studium in Gießen und Berlin (1876–1879) (BMV). Promotion 1879 in Berlin (Weierstraß, Kummer)

Mathematician in Halle. Studied in Berlin (1876–1879) (BMV). Doctorate 1879 in Berlin (Weierstrass, Kummer)

(Foto: Halle)

Seite 18 · *Page 18*

[18.1.] Kein Porträt · *No portrait*

18.2. **Moritz Cantor**

1829–1920

Mathematikhistoriker in Heidelberg

Historian of mathematics in Heidelberg

(Foto: Heidelberg)

18.3. **Carl Köhler**

1855–1932

Mathematiker in Heidelberg. Studium in Berlin (1876–1877)

Mathematician in Heidelberg. Studied in Berlin (1876–1877)

(Foto: Mannheim)

18.4. **Georg Weyer**

1818–1896

Nautiker und Astronom in Hamburg und Kiel. Studium in Berlin (1844-1846; bei Dirichlet, Encke)

Navigator and astronomer in Hamburg and Kiel. Studied in Berlin (1844-1846; with Dirichlet, Encke)

(Foto: Kiel)

18.5. **Friedrich Peters**

1844–1894

Astronom in Hamburg, Altona, Kiel und Königsberg; Direktor der Sternwarte in Königsberg

Astronomer in Hamburg, Altona, Kiel and Königsberg; director of Königsberg observatory

(Foto: Kiel)

18.6. **Max Planck**

1858–1947

Physiker in Kiel und Berlin. Studium in Berlin (1877–1878)

Widmung: „Hrn. Prof. Weierstraß in Verehrung gewidmet von seinem ehemaligen Schüler"

Physicist in Kiel and Berlin. Studied in Berlin (1877–1878)

(Foto: München)

[18.7.] Visitenkarte: „*Dr. L. Pochhammer, Professor der Math. a. d. Univ. Kiel, spricht seinen herzlichsten Glückwunsch zum morgenden Festtag aus und wird sich erlauben, seine Photographie nachträglich einzusenden. Kiel d. 30 Oct. 1885.*"

Leo Pochhammer

1841–1920

Mathematiker in Berlin und Kiel. Studium in Berlin (1859–1863). Promotion 1863 in Berlin (Kummer, Ohm). Habilitation 1872 in Berlin (Weierstraß, Kummer)

Mathematician in Berlin and Kiel. Studied in Berlin (1859–1863). Doctorate 1863 in Berlin (Kummer, Ohm). 1872 habilitated in Berlin (Weierstrass, Kummer)

Seite 19 · *Page 19*

19.1. **Johannes Thomae**

1840–1921

Mathematiker in Göttingen, Halle, Freiburg (Breisgau) und Jena. Studium in Berlin (1864–1865) (BMV)

Mathematician in Göttingen, Halle, Freiburg (Breisgau) and Jena. Studied in Berlin (1864–1865) (BMV)

(Foto: Freiburg (Breisgau))

19.2. **Hermann Schaeffer**

1824–1900

Mathematiker in Jena. Studium in Jena, Berlin (1846–1847; bei Jacobi, Steiner, Dirichlet) und Leipzig

Mathematician in Jena. Studied in Jena, Berlin (1846–1847; with Jacobi, Steiner, Dirichlet) and Leipzig

(Foto: Jena)

[19.3.] Kein Porträt · *No portrait*

[19.4.] Kein Porträt. Bleistiftnotiz: „*Prof. Lindemann, Königsberg i. Pr.*"

No portrait. In pencil: „Prof. Lindemann, Königsberg i[n] Pr[ussia]"

19.5. **Adolf Hurwitz**

1859–1919

Mathematiker in Königsberg und Zürich. Studium in Berlin (1877–1879, 1881–1882) (BMV)

Mathematician in Königsberg and Zurich. Studied in Berlin (1877–1879, 1881–1882) (BMV)

(Foto: Königsberg)

19.6. **Julius Franz**

1847–1913

Astronom in Neuchâtel, Königsberg und Breslau; Direktor der Sternwarte in Breslau. Studium in Berlin (1868–1870) (BMV)

Astronomer in Neuchâtel, Königsberg and Breslau; director of Breslau observatory. Studied in Berlin (1868–1870)

(Foto: Königsberg)

19.7. **Louis Saalschütz**

1835–1913

Lehrer, Mathematiker in Königsberg

Auf der Rückseite: „*Louis Saalschütz, geb. 1. Decbr. 1835 zu Königsberg i/Pr, stud. daselbst unter Richelot, Neumann, Hesse, Luther Mathematik und Physik, wurde 1861 Lehrer an der Gewerbeschule, 1871 Docent und später außerord. Professor an der Universität zu Königsberg.*"

Teacher, mathematician in Königsberg

(Foto: Königsberg)

Seite 20 · *Page 20*

20.1. **Adolph Mayer**

1839–1908

Mathematiker in Leipzig

Mathematician in Leipzig

(Foto: Leipzig)

20.2. **Heinrich Bruns**

1848–1919

Deutscher Astronom, Geodät und Mathematiker in Pulkowo, Dorpat, Berlin und Leipzig, Direktor der Sternwarte in Leipzig. Studium in Berlin (1866–1871) (BMV). Promotion 1871 in Berlin (Weierstraß, Kummer)

German astronomer, geodesist and mathematician in Pulkovo, Dorpat, Berlin and Leipzig; director of Leipzig observatory. Studied in Berlin (1866–1871) (BMV). Doctorate 1871 in Berlin (Weierstrass, Kummer)

(Foto: Leipzig, Altenburg)

20.3. **Felix Klein**

1849–1925

Mathematiker in Erlangen, München, Leipzig und Göttingen. Studium in Berlin (1869–1870) (BMV)

Mathematician in Erlangen, Munich, Leipzig and Göttingen. Studied in Berlin (1869–1870) (BMV)

(Foto: Leipzig)

20.4. **Wilhelm Scheibner**

1826–1908

Mathematiker und Astronom auf der Sternwarte bei Gotha und in Leipzig. Studium in Bonn und Berlin (1845–1848)

Mathematician and astronomer at the observatories near Gotha and in Leipzig. Studied in Bonn and Berlin (1845–1848)

(Foto: Leipzig)

20.5. **Friedrich Schur**

1856–1932

Mathematiker in Leipzig, Dorpat, Aachen, Karlsruhe, Straßburg und Breslau. Studium in Berlin (1876–1879) (BMV). Promotion 1879 in Berlin (Kummer, Weierstraß)

Mathematician in Leipzig, Dorpat, Aachen, Karlsruhe, Strasbourg and Breslau. Studied in Berlin (1876–1879) (BMV). Doctorate 1879 in Berlin (Kummer, Weierstrass)

(Foto: Leipzig)

20.6. **Edmund Heß**

1842–1903

Mathematiker in Marburg

Mathematician in Marburg

(Foto: Marburg)

20.7. **Heinrich Weber**

1842–1913

Mathematiker in Zürich, Königsberg, Berlin, Marburg, Göttingen und Straßburg

Mathematician in Zurich, Königsberg, Berlin, Marburg, Göttingen and Strasbourg

(Foto: Ort nicht ermittelbar)

Seite 21 · *Page 21*

[21.1.] Kein Porträt · *No portrait*

21.2. **Alfred Pringsheim**

1850–1941

Mathematiker in München. Studium in Berlin (1868). Einer der konsequentesten Vertreter der Weierstraßschen Mathematik. Verfolgung durch das Naziregime zwang ihn noch 1939 zur Übersiedlung nach Zürich

Mathematician in Munich. Studied in Berlin (1868). One of the most consequent followers of Weierstrassian mathematics. Having been persecuted by the Nazi regime, he moved to Zurich in 1939

(Foto: Berlin)

21.3. Leo Graetz
1856–1941
Physiker in München. Studium (1877–1881) in Breslau, Berlin und Straßburg
Physicist in Munich. Studied (1877–1881) in Breslau, Berlin and Strasbourg
(Foto: München)

21.4. Carl Adolf Cornelius
1819–1903
Historiker in Braunsberg, Münster, Bonn und München. Mitglied der Frankfurter Nationalversammlung. Studium in Bonn und Berlin (1839–1841)
Historian in Braunsberg, Münster, Bonn and Munich; member of the Frankfurter Nationalversammlung. Studied in Bonn and Berlin (1839–1841)
(Foto: München)

[21.5.] Kein Porträt · *No portrait*

21.6. Martin Krause
1851–1920
Mathematiker in Heidelberg, Breslau, Rostock und Dresden. Studium in Berlin (1873–1874) (BMV)
Mathematician in Heidelberg, Breslau, Rostock and Dresden. Studied in Berlin (1873–1874) (BMV)
(Foto: Rostock)

21.7. Paul Bachmann
1837–1920
Mathematiker in Breslau und Münster. Studium (1855–1861) in Göttingen und Berlin. Promotion 1862 in Berlin (Kummer, Ohm)
Mathematician in Breslau and Münster. Studied (1855–1861) in Göttingen and Berlin. Doctorate 1862 in Berlin (Kummer, Ohm)
(Foto: Berlin)

Seite 22 · *Page 22*

22.1. Theodor Reye
1838–1919
Mathematiker in Zürich, Aachen und Straßburg
Mathematician in Zurich, Aachen and Strasbourg
(Foto: Straßburg)

22.2. August Kundt
1839–1894
Physiker in Zürich, Würzburg, Straßburg und Berlin. Nachfolger von H. von Helmholtz in Berlin. Promotion 1864 in Berlin
Physicist in Zurich, Würzburg, Strasbourg and Berlin. Successor of H. von Helmholtz in Berlin. Doctorate 1864 in Berlin
(Foto: Schwerin)

22.3. Wilhelm Schur
1846–1901
Astronom und Geodät in Straßburg und Göttingen (Direktor an beiden Sternwarten). Studium in Berlin (1867–1868)
Astronomer and geodesist in Strasbourg and Göttingen (director of both observatories). Studied in Berlin (1867–1868)
(Foto: Straßburg)

22.4. Alexander Brill
1842–1935
Mathematiker in Darmstadt, München und Tübingen. Studium in Berlin (1865–1866) (BMV)
Mathematician in Darmstadt, Munich and Tübingen. Studied in Berlin (1865–1866) (BMV)
(Foto: München)

22.5. Franz Meyer
1856–1934
Mathematiker in Tübingen, Clausthal und Königsberg. Studium (1874–1880) in Leipzig, München und Berlin
Mathematician in Tübingen, Clausthal and Königsberg. Studied (1874–1880) in Leipzig, Munich and Berlin
(Foto: Tübingen)

[22.6.] Kein Porträt · *No portrait*

22.7. Hermann Stahl
1843–1908
Lehrer in Berlin, Mathematiker in Aachen und Tübingen. Promotion 1882 in Berlin (Weierstraß, Kummer)
Teacher in Berlin, mathematician in Aachen and Tübingen. Doctorate 1882 in Berlin (Weierstrass, Kummer)
(Foto: Tübingen)

Seite 23 · *Page 23*

23.1. Friedrich Kohlrausch
1840–1910
Physiker in Frankfurt (Main), Göttingen, Zürich, Darmstadt, Würzburg, Straßburg und Berlin. Präsident (1895–1905) der Physikalisch-Technischen Reichsanstalt Berlin
Physicist in Frankfurt (Main), Göttingen, Zurich, Darmstadt, Würzburg, Strasbourg and Berlin. President (1895–1905) of the Physikalisch-Technische Reichsanstalt Berlin
(Foto: Würzburg)

23.2. **Eduard Selling**

1834–1920

Mathematiker in Würzburg

Mathematician in Würzburg

(Foto: Würzburg)

23.3. **Adolf Krazer**

1858–1926

Mathematiker in Würzburg, Straßburg und Karlsruhe

Mathematician in Würzburg, Strasbourg and Karlsruhe

(Foto: Dillingen)

23.4. **Oscar Schlömilch**

1823–1901

Mathematiker in Jena und Dresden

Mathematician in Jena and Dresden

(Foto: Breslau)

23.5. **Enno Jürgens**

1849–1907

Mathematiker in Halle und Aachen. Studienaufenthalt in Berlin (1873–1875) (BMV)

Mathematician in Halle and Aachen. Studied in Berlin (1873–1875) (BMV)

(Foto: Halle)

23.6. **Hans von Mangoldt**

1854–1925

Lehrer, Mathematiker in Straßburg, Freiburg (Breisgau), Göttingen, Hannover, Aachen und Danzig. Studium in Berlin (1876–1878) (BMV). Promotion 1878 in Berlin (Weierstraß, Kummer)

Teacher, mathematician in Strasbourg, Freiburg (Breisgau), Göttingen, Hannover, Aachen and Danzig. Studied in Berlin (1876–1878) (BMV). Doctorate 1878 in Berlin (Weierstrass, Kummer)

(Foto: Hannover)

23.7. **Lebrecht Henneberg**

1850–1933

Mathematiker in Zürich und Darmstadt. Studium in Berlin (1875–1876) (BMV)

Mathematician in Zurich and Darmstadt. Studied in Berlin (1875–1876) (BMV)

(Foto: Darmstadt)

Seite 24 · *Page 24*

24.1. **Paul Du Bois-Reymond**

1831–1889

Lehrer in Berlin, Mathematiker in Heidelberg, Freiburg (Breisgau), Tübingen und Berlin. Promotion 1859 in Berlin (Kummer, Ohm)

Teacher in Berlin, mathematician in Heidelberg, Freiburg (Breisgau), Tübingen and Berlin. Doctorate 1859 in Berlin (Kummer, Ohm)

(Foto: München)

24.2. **Hugo Hertzer**

1831–1908

Mathematiker in Berlin. Studium in Berlin (1851–1855)

Mathematician in Berlin. Studied in Berlin (1851–1855)

(Foto: Berlin)

24.3. **Guido Hauck**

1845–1905

Lehrer, Mathematiker in Tübingen und Berlin

Teacher, mathematician in Tübingen and Berlin

(Foto: Berlin)

24.4. **Meyer Hamburger**

1838–1903

Mathematiker in Berlin. Studium in Berlin (1858–1861)

Mathematician in Berlin. Studied in Berlin (1858–1861)

(Foto: Berlin)

24.5. **Amandus Wendt**

1855–1939

Lehrer in Berlin, Sorau und Grünberg. Studium in Berlin (1874–1878) (BMV). Promotion 1880 in Berlin (Weierstraß, Kummer)

Teacher in Berlin, Sorau and Grünberg. Studied in Berlin (1874–1878) (BMV). Doctorate 1880 in Berlin (Weierstrass, Kummer)

(Foto: Berlin)

24.6. **Leo Grunmach**

1851–1923

Physiker in Berlin. Studium in Berlin (1868–1872)

Physicist in Berlin. Studied in Berlin (1868–1872)

(Foto: Berlin)

24.7. **Ernst Kossak**
1807–1892
Mathematiker in Berlin. Studium in Berlin (1865–1867)
Mathematician in Berlin. Studied in Berlin (1865–1867)
(Foto: Berlin)

Seite 25 · *Page 25*

25.1. **Eduard Haub**
1842–1890
Lehrer in Rössel. Schüler von F. Richelot
Widmung: „*Seinem hochverehrten Meister Herrn Professor Dr. Weierstrass von E. Haub, Oberlehrer zu Roessel.*"
Teacher in Rössel. Pupil of F. Richelot
(Foto: Königsberg)

25.2. **Johann Hermes**
1846–1912
Lehrer (Direktor) in Königsberg, Lingen (Ems) und Osnabrück. Schüler von F. Richelot
Teacher (headmaster) in Königsberg, Lingen (Ems) and Osnabrück. Pupil of F. Richelot
(Foto: Königsberg)

25.3. **Eduard Künzer**
1829–1888
Lehrer in Marienwerder und Strasburg (Westpreußen)
Teacher in Marienwerder and Strasburg (West Prussia)
(Foto: Marienwerder)

25.4. **Ignaz Ograbiszewski**
1841–(trat 1913 in den Ruhestand)
Katholischer Geistlicher am bischöflichen Progymnasium in Pelplin. Studium in Berlin (1865; hörte Weierstraß-Vorlesungen)
Catholic clergyman at episcopal grammar school in Pelplin. Studied in Berlin (1865; attended Weierstrass's lectures). Retired in 1913
(Foto: Bromberg)

25.5. **Joseph Tietz**
1822–(trat 1891 in den Ruhestand)
Lehrer in Konitz und Braunsberg. Studium in Berlin (1850–1852)
Teacher in Konitz and Braunsberg. Studied in Berlin (1850–1852). Retired in 1891
(Foto: Danzig)

25.6. **Adalbert Luke**
1848–1887
Lehrer in Culm, Marienburg und Deutsch-Krone. Studium in Berlin (1866–1868)
Teacher in Culm, Marienburg and Deutsch-Krone. Studied in Berlin (1866–1868)
(Foto: Posen)

25.7. **Bartholomäus Paszotta**
1837–1901
Lehrer in Konitz. Studium in Berlin (1862–1863)
Teacher in Konitz. Studied in Berlin (1862–1863)
(Foto: Konitz)

Seite 26 · *Page 26*

26.1. **Ignaz Praetorius**
1836–1908
Lehrer in Konitz und Graudenz
Auf der Rückseite: „*Schüler des Herrn Prof. Dr. Weierstraß zu Braunsberg 1850–1856.*"
Teacher in Konitz and Graudenz
(Foto: Konitz)

[26.2.] Kein Porträt · *No portrait*

[26.3.] Kein Porträt · *No portrait*

26.4. **Gustav Mehler**
1835–1895
Lehrer in Fraustadt, Danzig und Elbing. Studium (1852–1856) in Breslau und Berlin
Teacher in Fraustadt, Danzig, and Elbing. Studied (1852–1856) in Breslau and Berlin
(Foto: Elbing)

26.5. **Johannes Schöttler**
1849–1908
Lehrer in Preußisch Stargard
Teacher in Preußisch Stargard
(Foto: Danzig)

26.6. **August Tabulski**
1842–(trat 1898 in den Ruhestand)
Lehrer in Rogasen und Cleve. Studium in Berlin (1864–1867)
Teacher in Rogasen and Cleve. Studied in Berlin (1864–1867). Retired in 1898
(Foto: Berlin)

26.7. **Leonhard Rautenberg**
1834–1903
Lehrer in Rössel, Deutsch-Krone und Marienburg
Teacher in Rössel, Deutsch-Krone and Marienburg
(Foto: Marienburg)

Seite 27 · *Page 27*

27.1. **Heinrich Bertram**

1826–1904

Lehrer (Direktor) in Greifenberg und Berlin; Stadtschulrat (1874) in Berlin. Ehrenbürger der Stadt Berlin. Studium in Halle und Berlin (1847–1851; zunächst Theologie dann Mathematik u.a. bei Dirichlet und Jacobi). Gründete mit einigen Freunden einen mathematischen Verein, dessen Sitzungen in seiner Wohnung stattfanden

Teacher (headmaster) in Greifenberg and Berlin. Inspector of schools in Berlin (1874). Honorary citizen of Berlin. Studied in Halle and Berlin (1847–1851, first theology, then mathematics (under Dirichlet and Jacobi)). Founded together with some friends a mathematical club whose meetings took place in B.'s flat

(Foto: Berlin)

27.2. **Emil Lampe**

1840–1918

Mathematiker in Berlin. Studium in Berlin (1860–1864) (BMV). Promotion 1864 in Berlin (Kummer, Weierstraß). Gründungsmitglied des Berliner Mathematischen Vereins. Verfaßte Erinnerungen an Weierstraß

Mathematician in Berlin. Studied in Berlin (1860–1864) (BMV). Doctorate 1864 in Berlin (Kummer, Weierstrass). Co-founder of the Berliner Mathematischer Verein. Author of recollections of Weierstrass

(Foto: Berlin)

27.3. **Oswald Hermes**

1826–1909

Lehrer in Berlin. Studium in Berlin (1847–1849)

Teacher in Berlin. Studied in Berlin (1847–1849)

(Foto: Berlin)

27.4. **Eduard Fürstenau**

1826–1913

Lehrer in Wiesbaden und Berlin; Stadtschulrat (1882–1901) in Berlin; Stadtältester von Berlin. Studium in Berlin (1845–1846)

Teacher in Wiesbaden and Berlin; inspector of schools in Berlin (1882–1901); alderman in Berlin. Studied in Berlin (1845–1846)

(Foto: Berlin)

27.5. **Wilhelm Biermann**

1841–1888

Lehrer in Berlin. Studium in Berlin (1861–1865). Promotion 1865 in Berlin (Weierstraß, Kummer)

Teacher in Berlin. Studied in Berlin (1861–1865). Doctorate 1865 in Berlin (Weierstrass, Kummer)

(Foto: Berlin)

27.6. **Karl Gusserow**

1841–1915

Lehrer in Berlin. Studium in Berlin (1862–1863, 1864–1865)

Teacher in Berlin. Studied in Berlin (1862–1863, 1864–1865)

(Foto: Berlin)

27.7. **Maximilian Henoch**

1841–1890

Lehrer in Berlin; Hauptredakteur des *Jahrbuches über die Fortschritte der Mathematik*. Studium in Berlin (1862–1867) (BMV). Promotion 1867 in Berlin (Kummer, Weierstraß).

Teacher in Berlin; Editor of the Jahrbuch über die Fortschritte der Mathematik. Studied in Berlin (1862–1867) (BMV). Doctorate 1867 in Berlin (Kummer, Weierstrass).

(Foto: Berlin)

Seite 28 · *Page 28*

28.1. **Max Schlegel**

1845–1922

Lehrer in Waren und Berlin. Studium in Berlin (1865–1869) (BMV)

Teacher in Waren and Berlin. Studied in Berlin (1865–1869) (BMV)

(Foto: Berlin)

[28.2.] Kein Porträt · *No portrait*

28.3. **Louis Löwenheim**

1846–1894

Lehrer in Krefeld; Privatgelehrter in Berlin. Studium in Berlin (1865–1866, 1867–1870) (BMV). Vater von Leopold Löwenheim (1878–1957; Satz von Löwenheim-Skolem)

Teacher in Krefeld; private scholar in Berlin. Studied in Berlin (1865–1866, 1867–1870) (BMV). Father of Leopold Löwenheim (1878–1957; Löwenheim-Skolem theorem)

(Foto: Berlin)

28.4. Georg Valentin

1848–1926

Mathematiker und Bibliothekar in Berlin. Studium in Berlin (1869–1874) (BMV). Promotion 1879 in Berlin (Weierstraß, Kummer). Für die Werkausgabe (Bd.4) wurde seine Ausarbeitung einer Weierstraß-Vorlesung verwendet

Mathematician and librarian in Berlin. Studied in Berlin (1869–1874) (BMV). Doctorate 1879 in Berlin (Weierstrass, Kummer). His draft of a lecture of Weierstrass was used for the collected works (vol. 4)

(Foto: Berlin)

28.5. Hans Battermann

1860–1922

Astronom in Berlin und Königsberg. Studium in Berlin (1877–1878, 1880–1881) (BMV). Promotion 1881 in Berlin

Astronomer in Berlin and Königsberg. Studied in Berlin (1877–1878, 1880–1881) (BMV). Doctorate 1881 in Berlin

(Foto: Berlin)

28.6. Karl Weltzien

1852–(trat 1921 in den Ruhestand)

Lehrer in Berlin. Studium in Berlin (1871–1875) (BMV). Promotion 1882 in Berlin (Weierstraß, Kummer). Für die Werkausgabe (Bde. 4 und 6) wurden seine Ausarbeitungen von Weierstraß-Vorlesungen verwendet

Teacher in Berlin. Studied in Berlin (1871–1875) (BMV). Doctorate 1882 in Berlin (Weierstrass, Kummer). His drafts of lectures of Weierstrass were used for the collected works (vols. 4 and 6). Retired in 1921

(Foto: Berlin)

28.7. Richard Müller

1862–(trat 1927 in den Ruhestand)

Lehrer (Direktor) in Berlin. Studium in Berlin (1878–1882) (BMV). Promotion 1884 in Berlin (Kronecker, Weierstraß)

Teacher (headmaster) in Berlin. Studied in Berlin (1878–1882) (BMV). Doctorate 1884 in Berlin (Kronecker, Weierstrass). Retired in 1927

(Foto: Berlin)

Seite 29 · *Page 29*

29.1. Paul Stäckel

1862–1919

Lehrer und Mathematiker in Berlin, Königsberg, Kiel, Hannover, Karlsruhe und Heidelberg. Studium in Berlin (1880–1884) (BMV). Promotion 1885 in Berlin (Kronecker, Weierstraß)

Teacher and mathematician in Berlin, Königsberg, Kiel, Hannover, Karlsruhe and Heidelberg. Studied in Berlin (1880–1884) (BMV). Doctorate 1885 in Berlin (Kronecker, Weierstrass)

(Foto: Berlin)

29.2. Karl Baer

1851–1931

Lehrer (Direktor) in Halle, Küstrin, Frankfurt (Oder) und Kiel

Teacher (headmaster) in Halle, Küstrin, Frankfurt (Oder) and Kiel

(Foto: Halle)

29.3. Alexander Philipp

1858–(ab 1887 Seminarlehrer in Posen)

Lehrer in Luckau und Posen. Studium in Berlin (1876–1877, 1878–1879) (BMV)

Teacher in Luckau and Posen. Studied in Berlin (1876–1877, 1878–1879) (BMV). Since 1887 seminar teacher in Posen

(Foto: Bonn)

29.4. Wilhelm Erler

1820–1896

Lehrer in Berlin (1848–1854) und Züllichau. Studium in Halle und Berlin (1839–1840)

Teacher in Berlin (1848–1854) and Züllichau. Studied in Halle and Berlin (1839-1840)

(Foto: Züllichau)

29.5. Gustav Mix

1843–(trat 1904 in den Ruhestand)

Lehrer in Potsdam, Friedeberg, Glückstadt und Schleswig. Studium in Berlin (1865–1868) (BMV)

Widmung: „Herrn Prof. Dr. Weierstrass zum siebzigsten Geburtstage von seinem dankbaren Schüler Dr. Mix, Gymn. Oberlehrer [Jahrg. 1865–68]"

Teacher in Potsdam, Friedeberg, Glückstadt and Schleswig. Studied in Berlin (1865–1868) (BMV). Retired in 1904

(Foto: Friedeberg)

29.6. Adolf Strümpfler
1851–1935
Lehrer in Guben. Studium in Berlin (1871–1875) (BMV)
Teacher in Guben. Studied in Berlin (1871–1875) (BMV)
(Foto: Guben)

29.7. Fedor Lessing
1816–1900
Lehrer in Prenzlau. Studium in Berlin (1838–1842)
Teacher in Prenzlau. Studied in Berlin (1838–1842)
(Foto: Prenzlau)

Seite 30 · Page 30

30.1. Paul Guiard
1852–1900
Lehrer in Dramburg. Studium in Berlin (1874–1877) (BMV)
Teacher in Dramburg. Studied in Berlin (1874–1877) (BMV)
(Foto: Dramburg)

30.2. Heinrich Gellenthin
1839–(trat 1893 in den Ruhestand)
Lehrer in Greifenberg, Berlin und Stettin. Studierte in Halle und Berlin Theologie, erwarb 1863 in Berlin die volle Lehrbefähigung in Religion und Hebräisch; 1866–1867 Studienaufenthalt in Berlin; ab 1869 volle Lehrbefähigung auch in Mathematik und Physik
Teacher in Greifenberg, Berlin and Stettin. Studied in Halle and Berlin (theology); received 1863 the full teaching qualification in religion and Hebrew; further study in Berlin (1866–1867); after 1869 full teaching qualification also in mathematics and physics. Retired in 1893
(Foto: Stettin)

30.3. Paul Lindner
1848–1917
Lehrer in Guben, Schlawe und Köslin. Studium in Berlin (1871–1873) (BMV). Schüler von W. Erler auf dem Pädagogikum bei Züllichau
Teacher in Guben, Schlawe and Köslin. Studied in Berlin (1871–1873) (BMV). Pupil of W. Erler at the Pädagogikum near Züllichau
(Foto: Berlin)

30.4. Albrecht Magener
1824–1889
Lehrer in Bromberg und Posen. Studium in Berlin (1845–1848)
Auf der Rückseite: „*Professor Dr. Magener, am Realgymnasium zu Posen. Studirte Michaelis 1845–1848 in Berlin Mathematik und Physik und stellte Herrn Prof. Weierstraß sein Collegienheft für die Herausgabe der Werke Jacobis zur Verfügung. Posen, d. 21. October 1885*"
Teacher in Bromberg and Posen. Studied in Berlin (1845–1848)
(Foto: Posen)

30.5. Wlad. von Kozłowski
1836–1908
Lehrer in Gnesen. Studium in Berlin (1855–1859)
Auf der Rückseite: „*Dr. v. Kozlowski, 1ter Oberlehrer am Kgl. Gymnasium in Gnesen rühmt sich zu Füßen des Meisters im Semester 58/59 (Theorie der elliptischen Funktion[en]) gesessen zu haben.*"
Teacher in Gnesen. Studied in Berlin (1855–1859)
(Foto: Posen)

30.6. Heinrich Kiehl
1842–1910
Lehrer (Direktor) in Neustettin, Stargard, Bromberg, Rawitsch, Magdeburg, Demmin und Berlin. Schüler von L. Koenigsberger
Teacher (headmaster) in Neustettin, Stargard, Bromberg, Rawitsch, Magdeburg, Demmin and Berlin. Pupil of L. Koenigsberger
(Foto: Bromberg)

30.7. Eduard Kärger
1843–(trat 1911 in den Ruhestand)
Lehrer in Posen und Schneidemühl. Studium in Berlin (1865–1869) (BMV). Schüler von W. Erler
Teacher in Posen and Schneidemühl. Studied in Berlin (1865–1869) (BMV). Pupil of W. Erler. Retired in 1911
(Foto: Posen)

Seite 31 · Page 31

31.1. Ludwig Kambly
1811–1887
Lehrer in Breslau und Brieg
Teacher in Breslau and Brieg
(Foto: Breslau)

31.2. Wilhelm Frahnert

1835–1895

Lehrer in Görlitz

Teacher in Görlitz

(Foto: Görlitz)

31.3. Gustav Wittiber

1821–1886

Lehrer in Glatz

Teacher in Glatz

(Foto: Glatz)

31.4. Friedrich Gauß

1831–1908

Lehrer in Burg (bei Magdeburg), Landsberg (Ostpreußen) und Bunzlau

Teacher in Burg (near Magdeburg), Landsberg (East Prussia) and Bunzlau

(Foto: Bunzlau)

31.5. Karl Püschel

1842–1912

Lehrer in Waldenburg (Schlesien). Studium in Berlin (1861–1865)

Teacher in Waldenburg (Silesia). Studied in Berlin (1861–1865)

(Foto: Waldenburg (Schlesien))

31.6. Otto Handel

1852–1919

Lehrer in Breslau, Sprottau und Reichenbach (Schlesien)

Teacher in Breslau, Sprottau and Reichenbach (Silesia)

(Foto: Waldenburg (Schlesien))

31.7. Hermann Leitzmann

1860–1943

Astronom in Hamburg, Straßburg und Göttingen, Privatgelehrter, Versicherungsmathematiker in Berlin. Studium in Berlin (1880–1882). Promotion 1885 in Berlin

Widmung: „Seinem hochverehrten Lehrer"

Astronomer in Hamburg, Strasbourg and Göttingen, private scholar, actuary in Berlin. Studied in Berlin (1880–1882). Doctorate 1885 in Berlin

(Foto: Magdeburg)

Seite 32 · *Page 32*

32.1. Hermann Crampe

1815–(trat 1891 in den Ruhestand)

Assistent (1838–1841) für Mathematik und Naturwissenschaften am Gewerbeinstitut in Berlin; Direktor der Gewerbeschule in Halberstadt (kurzzeitig (1851–1852) auch Direktor der Gewerbeschule in Krefeld)

Assistant (1838–1841) for mathematics and natural sciences at Berlin Gewerbeinstitut; headmaster of the Gewerbeschule in Halberstadt (for a short time (1851–1852) also headmaster of the Gewerbeschule in Krefeld). Retired in 1891

(Foto: Halberstadt)

32.2. Leonhard Zech

1843–1910

Lehrer in Halberstadt. Studium in Berlin (1866–1868)

Teacher in Halberstadt. Studied in Berlin (1866–1868)

(Foto: Halberstadt)

32.3. Merk

Seminarlehrer in Meersburg

Seminar teacher in Meersburg

(Foto: Konstanz)

32.4. Carl Immanuel Gerhardt

1816–1899

Lehrer (Direktor) in Salzwedel, Berlin und Eisleben; mathematikhistorische Arbeiten. Studium in Berlin (1834–1838). Promotion 1837 in Berlin (Dirksen, Ideler)

Teacher (headmaster) in Salzwedel, Berlin and Eisleben; publications in history of mathematics. Studied in Berlin (1834–1838). Doctorate 1837 in Berlin (Dirksen, Ideler)

(Foto: Eisleben)

32.5. Carl Hellwig

1823–1898

Lehrer in Halle, Fürstenwalde und Erfurt. Studium (1842–1846) in Halle und Berlin

Teacher in Halle, Fürstenwalde and Erfurt. Studied (1842–1846) in Halle and Berlin

(Foto: Erfurt)

32.6. Oskar Hentschel

1840–1924

Lehrer in Salzwedel. Studium am Gewerbeinstitut in Berlin (1859–1860)

Teacher in Salzwedel. Studied at the Gewerbeinstitut in Berlin (1859–1860)

(Foto: Salzwedel)

32.7. Erwin Kayser
1824–1898
Lehrer in Erfurt
Teacher in Erfurt
(Foto: Berlin)

Seite 33 · *Page 33*

33.1. Wilhelm Schaefer
1835–1892
Lehrer in Insterburg und Flensburg. Studium in Berlin (zwei Aufenthalte, 1859 bzw. 1862 beendet)
Teacher in Insterburg and Flensburg. Studied twice in Berlin (finished in 1859 and 1862 respectively)
(Foto: Flensburg)

33.2. Wilhelm Fiedler
1847–1900
Lehrer in Segeberg und Schleswig. Studium in Berlin (1866–1870) (BMV)
Teacher in Segeberg and Schleswig. Studied in Berlin (1866–1870) (BMV)
(Foto: Segeberg)

33.3. Gustav Noodt
1856–1917
Lehrer in Altona und Berlin (BMV)
Teacher in Altona and Berlin (BMV)
(Foto: Göttingen)

33.4. Eduard Ringelmann
1821–(trat 1887 in den Ruhestand)
Lehrer in Osnabrück (zunächst (1837–1843) Apothekengehilfe). Studium in Berlin (1846–1848)
Teacher in Osnabrück (at first (1837–1843) assistant in a chemist's shop). Studied in Berlin (1846–1848). Retired in 1887
(Foto: Osnabrück)

33.5. Ernst Goedecker
1835–(zuletzt im Schuljahr 1885/86 als Gymnasiallehrer nachweisbar)
Lehrer in Lüneburg und Göttingen. Hatte in Göttingen Vorlesungen bei B. Riemann gehört
Teacher in Lüneburg and Göttingen. Attended lectures of B. Riemann in Göttingen. Last known as teacher in the school year 1885/86
(Foto: Göttingen)

33.6. Berthold Adam
1847–1897
Lehrer in Clausthal. Studium in Berlin (1868–1870) (BMV)
Teacher in Clausthal. Studied in Berlin (1868–1870) (BMV)
(Foto: Clausthal)

33.7. Paul Freyer
1831–1911
Lehrer in Schweidnitz und Ilfeld. Studium in Berlin (1851–1854)
Teacher in Schweidnitz and Ilfeld. Studied in Berlin (1851–1854)
(Foto: Nordhausen)

Seite 34 · *Page 34*

34.1. Heinrich Züge
1851–1902
Lehrer in Naumburg, Oberlahnstein, Hildesheim, Lingen, Wilhelmshaven und Linden
Teacher in Naumburg, Oberlahnstein, Hildesheim, Lingen, Wilhelmshaven and Linden
(Foto: Weißenfels)

34.2. Rudolf Tiemann
1861–(trat 1926 in den Ruhestand)
Lehrer (Rektor, Seminarlehrer) in Osten, Kiel, Osnabrück, Posen, Drossen und Cottbus. Studium in Berlin (1879–1881) (BMV)
Teacher (headmaster) in Osten, Kiel, Osnabrück, Posen, Drossen and Cottbus. Studied in Berlin (1879–1881) (BMV). Retired in 1926
(Foto: Göttingen)

34.3. Friedrich Blankenburg
1849–1920
Lehrer in Burgsteinfurt. Studium in Berlin (1870–1872) (BMV)
Teacher in Burgsteinfurt. Studied in Berlin (1870–1872) (BMV)
(Foto: Burgsteinfurt)

34.4. Peter Münch
1819–1895
Lehrer (Direktor) in Düsseldorf und Münster (davor an der Rheinischen Ritter-Akademie (1843–1846))
Teacher (headmaster) in Düsseldorf and Münster (before that (1843–1846) at the Rheinische Ritter-Akademie)
(Foto: Münster)

34.5. Gustav Holzmüller
1844–1914
Lehrer (Direktor) in Salzwedel, Merseburg, Magdeburg, Elberfeld und Hagen. Studium in Berlin (1875–1877)
Teacher (headmaster) in Salzwedel, Merseburg, Magdeburg, Elberfeld and Hagen. Studied in Berlin (1875–1877)
(Foto: Hagen)

34.6. Paul Schönemann
1846–1922
Lehrer in Soest
Teacher in Soest
(Foto: Halle)

34.7. Wilhelm Bresina
1840–1928
Lehrer in Friedland (Mecklenburg) und Soest; Stadtverordneter
Teacher in Friedland (Mecklenburg) and Soest; town councillor
(Foto: Soest)

Seite 35 · Page 35

35.1. Eduard Lottner
1826–1887
Lehrer in Lippstadt. Studium in Berlin (1845–1848). Mitarbeiter an der Edition (1881–1891) der Gesammelten Werke Jacobis (zusammen mit C. W. Borchardt und Weierstraß)
Teacher in Lippstadt. Studied in Berlin (1845–1848). Involved in editing (1881–1891) the collected works of Jacobi (together with C. W. Borchardt and Weierstrass)
(Foto: Lippstadt)

35.2. Ernst Schimpf
1855–(trat 1905 in den Ruhestand)
Lehrer in Bochum
Teacher in Bochum. Retired in 1905
(Foto: Bochum)

35.3. Heinrich Leonhard
1854–(trat 1921 in den Ruhestand)
Lehrer (Direktor) in Bochum und Berlin. Studium in Berlin (1875–1877) (BMV)
Teacher (headmaster) in Bochum and Berlin. Studied in Berlin (1875–1877) (BMV). Retired in 1921
(Foto: Berlin)

35.4. Wilhelm Müller
1849–1891
Lehrer in Olpe, Wipperfürth, Boppard und Attendorn
Teacher in Olpe, Wipperfürth, Boppard and Attendorn
(Foto: Boppard)

35.5. Ferdinand Rosenberger
1845–1899
Lehrer in Hamburg und Frankfurt (Main); physikhistorische Arbeiten
Teacher in Hamburg and Frankfurt (Main); publications in history of physics
(Foto: Ort nicht ermittelbar)

35.6. Otto Dersch
1848–(noch 1915 als Direktor der Oberrealschule in Darmstadt tätig)
Lehrer (Direktor) in Offenbach (Main), Groß-Umstadt und Darmstadt
Teacher (headmaster) in Offenbach (Main), Groß-Umstadt and Darmstadt. In 1915 still working as headmaster in Darmstadt
(Foto: Offenbach)

35.7. Friedrich Krause
1824–1889
Lehrer in Hersfeld, Hattingen, Rinteln, Marburg, Wiesbaden und Hanau. Studium in Berlin (1846–1847)
Teacher in Hersfeld, Hattingen, Rinteln, Marburg, Wiesbaden and Hanau. Studied in Berlin (1846–1847)
(Foto: Marburg)

Seite 36 · Page 36

36.1. Theodor Walter
1853–1926
Lehrer (Direktor) in Büdingen, Darmstadt, Bingen, Worms und Mainz; Schulrat
Auf der Rückseite: „Schüler von Königsberger, Gordan, Baltzer, Pasch, Nöther. Bearbeiter von Faa di Bruno's Binären Formen. Leipzig bei Teubner 1881. Herrn Weierstrass in tiefster Ehrfurcht."
Teacher (headmaster) in Büdingen, Darmstadt, Bingen, Worms and Mainz; inspector of schools
(Foto: Offenbach)

36.2. **Emil Haentzschel**

1858–1948

Lehrer, Mathematiker in Duisburg und Berlin. Studium in Berlin (1878–1880) (BMV)

Teacher, mathematician in Duisburg and Berlin. Studied in Berlin (1878–1880) (BMV)

(Foto: Berlin)

36.3. **Servatius Leisen**

1857–1929

Lehrer in Eupen und Dülken. Studium in Berlin (1879–1882) (BMV)

Widmung: „S[einem] Lehrer dem hochberühmten Meister d. Mathematik Hrn. Prof. Dr. Weierstraß zu seinem 70ten Geburtstage als Zeichen der innigsten Verehrung gewidmet von S. Leisen, Progymna[sial]lehrer. Eupen, 18.10.85."

Teacher in Eupen and Dülken. Studied in Berlin (1879–1882)

(Foto: Berlin)

36.4. **Friedrich Fehrs**

1841–1908

Lehrer (Direktor) in Wetzlar. Studium in Berlin (1861–1864)

Auf der Rückseite: „Dr. Fehrs, Oberlehrer am Gymnasium zu Wetzlar, hörte bei Herrn Prof. Weierstrass Synthetische Geometrie u. analytische Funktionen während des Sommersemesters 1864. Er sendet dem verehrten Lehrer zur Vollendung seines 70. Lebensjahres herzlichen Glückwunsch. Wetzlar. 18. Oktober 1885."

Teacher (headmaster) in Wetzlar. Studied in Berlin (1861–1864)

(Foto: Wetzlar)

36.5. **Joseph Diekmann**

1848–1905

Lehrer (Direktor) in Wesel, Essen, Viersen, Aachen, Mönchengladbach und Wipperfürth. Schüler von A. Clebsch

Teacher (headmaster) in Wesel, Essen, Viersen, Aachen, Mönchengladbach and Wipperfürth. Pupil of A. Clebsch

(Foto: ohne Ortsangabe)

36.6. **Friedrich Neesen**

1849–1923

Lehrer, Physiker in Cleve und Berlin

Teacher, physicist in Cleve and Berlin

(Foto: Cleve)

36.7. **Jakob Schneider**

1818–(trat 1888 in den Ruhestand)

Lehrer in Emmerich und Düsseldorf

Teacher in Emmerich and Düsseldorf. Retired in 1888

(Foto: Düsseldorf)

Seite 37 · *Page 37*

37.1. **Wilhelm Thienemann**

1857–1908

Lehrer in Essen. Schüler von H. A. Schwarz

Teacher in Essen. Pupil of H. A. Schwarz

(Foto: Essen)

37.2. **Albert Rasche**

1857–1923

Lehrer in Essen. Studium in Berlin (1878)

Teacher in Essen. Studied in Berlin (1878)

(Foto: Essen)

37.3. **Karl Callenberg**

1849–1924

Lehrer in Essen

Teacher in Essen

(Foto: Essen)

37.4. **Hermann Heilermann**

1820–1899

Lehrer (Direktor) in Koblenz, Trier und Essen. Studium in Münster (bei Gudermann) und Berlin (1843–1845; bei Jacobi und Dirichlet)

Teacher (headmaster) in Koblenz, Trier and Essen. Studied in Münster (with Gudermann) and Berlin (1843–1845; with Jacobi and Dirichlet)

(Foto: Neuwied)

37.5. **Johannes Beuriger**

1857–1904

Lehrer in Wipperfürth, Essen, Neuwied, Bonn und Emmerich

Teacher in Wipperfürth, Essen, Neuwied, Bonn and Emmerich

(Foto: Emmerich)

37.6. **Victor Mertens**

1851–1912

Lehrer in Prüm, Köln, Düren, Neuwied, Neuß und Bonn. Studium in Berlin (1877–1878)

Teacher in Prüm, Cologne, Düren, Neuwied, Neuss and Bonn. Studied in Berlin (1877–1878)

(Foto: Krefeld)

37.7. **Franz Schirlitz**

1830–1913

Lehrer in Halle, Lübben und Solingen

Teacher in Halle, Lübben and Solingen

(Foto: Solingen)

Seite 38 · *Page 38*

38.1. **Wilhelm Fischer**

1830–1914

Lehrer in Kempen

Teacher in Kempen

(Foto: Krefeld)

38.2. **Eduard Köttgen**

1825–1890

Lehrer (Rektor) in Duisburg, Saarbrücken und Schwelm. 1847 zum „auswärtigen Mitglied" des naturwissenschaftlichen Seminars der Universität Bonn ernannt (u.a. von J. Plücker unterschrieben)

Teacher (headmaster) in Duisburg, Saarbrücken and Schwelm. Received 1847 the status of a „foreign member" of natural science seminar at Bonn University (signed by J. Plücker)

(Foto: Elberfeld, Barmen)

38.3. **August Ritgen**

1841–(trat 1910 in den Ruhestand)

Lehrer in Münster, Schwyz, Mayen, Buchsweiler, Markirch und Schlettstadt. Studium in Berlin (1863–1864)

Teacher in Münster, Schwyz, Mayen, Buchsweiler, Markirch and Schlettstadt. Studied in Berlin (1863–1864). Retired in 1910

(Foto: Schlettstadt)

38.4. **Max Simon**

1844–1918

Lehrer und Mathematiker in Straßburg. Studium in Berlin (1862–1866) (BMV). Promotion 1867 in Berlin (Weierstraß, Kummer).

Teacher and mathematician in Strasbourg. Studied in Berlin (1862–1866) (BMV). Doctorate 1867 in Berlin (Weierstrass, Kummer).

(Foto: Straßburg)

38.5. **Alfons Milinowski**

1837–1888

Lehrer in Weißenburg (Elsaß)

Teacher in Weissenburg (Alsace)

(Foto: Weißenburg)

38.6. **Hans Frieß**

Lehrer (Direktor) in Rothenburg ob der Tauber

Teacher (headmaster) in Rothenburg ob der Tauber

(Foto: Rothenburg)

38.7. **H. Staudacher**

Lehrer an der Industrieschule in Nürnberg

Teacher at the Industrieschule in Nuremberg

(Foto: Speyer)

Seite 39 · *Page 39*

39.1. **Siegmund Günther**

1848–1923

Lehrer in Weißenburg (Franken) und Ansbach, Mathematiker und Geograph in München; Reichstagsabgeordneter. Studium (1865–1870) in Erlangen, Heidelberg, Leipzig, Berlin (BMV) und Göttingen. Hörer der Vorlesungen von Weierstraß im WS 1867/68

Teacher in Weissenburg (Franconia) and Ansbach, mathematician and geographer in Munich; member of the Reichstag. Studied (1865–1870) in Erlangen, Heidelberg, Leipzig, Berlin (BMV) and Göttingen. Attended Weierstrass's lectures in the winter semester 1867/68

(Foto: München)

39.2. **Gustav Ferdinand Meyer**

1834–1905

Lehrer in Memmingen und München

Teacher in Memmingen and Munich

(Foto: München)

39.3. **Hans (Johannes Wilhelm) Cornelius**

1863–1947

Philosoph in München und Frankfurt (Main); völkerkundliche Studien, künstlerische Aktivitäten. Studium in Berlin (1882–1883) (BMV); hörte Vorlesungen von Weierstraß

Philosopher in Munich and Frankfurt (Main); ethnological studies, artistic activities. Studied in Berlin (1882–1883) (BMV); attended lectures of Weierstrass

(Foto: Leipzig, Dresden, Hannover, Hamburg)

39.4. **Adolf Kleinfeller**

1824–1899

Rektor der Industrieschule in München; Mitglied des Obersten Schulrates in München. Studium in Berlin (1843–1845, 1847–1848)

Headmaster of the Industrieschule in Munich; member of the Supreme School Council in Munich. Studied in Berlin (1843–1845, 1847–1848)

(Foto: München)

39.5. Carl Bender
1845–1904

Lehrer (Direktor) in Kissingen und Speyer. Studium in Berlin (1864)

Teacher (headmaster) in Kissingen and Speyer. Studied in Berlin (1864)

(Foto: Speyer)

39.6. Joseph Groll
Trat 1910 in den Ruhestand

Lehrer in Bamberg, Amberg, Freising und München

Teacher in Bamberg, Amberg, Freising and Munich. Retired in 1910

(Foto: München)

39.7. Friedrich Hofmann
1821–1889

Lehrer (Rektor) in Nürnberg, Landau und Bayreuth. Studium in Erlangen, Berlin (1841–1842) und München

Teacher (headmaster) in Nuremberg, Landau and Bayreuth. Studied in Erlangen, Berlin (1841–1842) and Munich

(Foto: Bayreuth)

Seite 40 · Page 40

40.1. Josef Gierster
1854–1892

Lehrer in Bamberg und München

Teacher in Bamberg and Munich

(Foto: Bamberg)

40.2. Bernhard Hercher
1854–(zuletzt im Schuljahr 1906/07 als Gymnasiallehrer nachweisbar)

Lehrer in Jena

Teacher in Jena. Last known as teacher in the school year 1906/07

(Foto: Berlin)

40.3. Leo Sachse
1843–(ab 1889 wegen eines Augenleidens im Ruhestand)

Lehrer in Jena

Teacher in Jena. Because of failing sight retired in 1889

(Foto: Jena)

40.4. Friedrich Wilhelm Fischer
1822–(trat 1886 in den Ruhestand)

Lehrer (Direktor) in Colberg und Bernburg

Teacher (headmaster) in Colberg and Bernburg. Retired in 1886

(Foto: Bernburg)

40.5. Paul Langer
1851–1925

Lehrer (Direktor) in Jena, Gotha und Ohrdruf

Teacher (headmaster) in Jena, Gotha and Ohrdruf

(Foto: Jena)

40.6. Kurd Laßwitz
1848–1910

Lehrer in Gotha. Studium in Berlin (1868–1869). Hörer der Vorlesung von Weierstraß über elliptische Funktionen

Teacher in Gotha. Studied in Berlin (1868–1869); attended Weierstrass's lectures on elliptic functions

(Foto: Gotha)

40.7. Reinhold Kießler
1835–(trat 1906 in den Ruhestand)

Lehrer (Direktor) in Eschwege und Gera; Schulrat. Studium in Berlin (1854–1856)

Teacher (headmaster) in Eschwege and Gera; school councillor. Studied in Berlin (1854–1856). Retired in 1906

(Foto: Gera)

Seite 41 · Page 41

41.1. August Amthor
1845–1916

Lehrer an der Kreuzschule in Dresden; Versicherungsmathematiker in Hannover

Teacher at the Kreuzschule in Dresden; actuary in Hannover

(Foto: Dresden)

41.2. Hermann Klein
1832–1902

Lehrer in Dresden

Teacher in Dresden

(Foto: Dresden)

41.3. Adelbert Gebhardt
1839–1900

Lehrer in Leipzig; Stadtverordneter (1883–1891); gerichtlicher Sachverständiger in Rechnungsfragen des Versicherungswesens beim Amtsgericht Leipzig (seit 1887); Prüfungskommissar an verschiedenen Realschulen

Teacher in Leipzig; town councillor (1883–1891); juridical expert (insurance) at a Leipzig court; member of the board of examiners for several schools

(Foto: Leipzig)

41.4. Wilhelm Vollhering
1836–1901

Lehrer (Direktor) in Bautzen. Studium in Berlin (1859–1861)

Teacher (headmaster) in Bautzen. Studied in Berlin (1859–1861)

(Foto: Bautzen)

41.5. Jürgen Sievers
1851–(trat 1908 in den Ruhestand)

Lehrer in Hannover, Wimpfen und Frankenberg (Sachsen)

Teacher in Hannover, Wimpfen and Frankenberg (Saxony). Retired in 1908

(Foto: Frankenberg)

41.6. Bernhard Heiland
1852–1915

Lehrer (Direktor) in Sonneberg

Auf der Rückseite: „Dr. B. Heiland, Lehrer der Mathematik an der höheren Bürgerschule zu Sonneberg in Th., ein Verehrer des Altmeisters in den mathem[atischen] Wissenschaften"

Teacher (headmaster) in Sonneberg

(Foto: Weimar)

41.7. Richard Beez
1827–1902

Lehrer in Gotha und Plauen

Widmung: „Dem Meister der Wissenschaft in aufrichtiger Verehrung"

Teacher in Gotha and Plauen

(Foto: Plauen)

Seite 42 · Page 42

42.1. Hermann Schubert
1848–1911

Lehrer in Hildesheim und Hamburg. Studium in Berlin (1867–1870) (BMV). Redigierte (seit 1898) die „Sammlung Schubert". Lehrer von A. Hurwitz am Andreanum in Hildesheim. Verfaßte Nekrolog auf Weierstraß

Teacher in Hildesheim and Hamburg. Studied in Berlin (1867–1870) (BMV). Revised (since 1898) the series Sammlung Schubert; teacher of A. Hurwitz at the Andreanum in Hildesheim. Wrote an obituary for Weierstrass

(Foto: Hamburg)

42.2. Eduard Endert
1850–1895

Lehrer in Detmold. Studium in Berlin (1872–1874)

Teacher in Detmold. Studied in Berlin (1872–1874)

(Foto: Detmold)

42.3. Georg Meyer
1856–(trat 1917 in den Ruhestand)

Lehrer in Bremen

Teacher in Bremen. Retired in 1917

(Foto: Bremen)

42.4. Friedrich Steinhäuser
1823–(trat 1896 in den Ruhestand)

Lehrer in Birkenfeld

Teacher in Birkenfeld. Retired in 1896

(Foto: Darmstadt)

42.5. Carl Quensen
1857–(trat 1924 in den Ruhestand)

Lehrer in Gandersheim, Wolfenbüttel und Braunschweig

Widmung: „Leider habe ich nicht das Glück gehabt, zu denen zu gehören, die zu Füßen unseres großen Meisters saßen, aber im Hinblick auf die getreue Wiedergabe der Weierstraß'schen Lehren durch meinen hochverehrten Lehrer Herrn Prof. Schwarz darf ich mich auch Schüler unseres großen Weierstraß nennen und als solcher meine Bewunderung und Verehrung demselben aussprechen."

Teacher in Gandersheim, Wolfenbüttel and Brunswick. Retired in 1924

(Foto: Gandersheim, Borkum)

42.6. Hans Geitel
1855–1923

Lehrer in Wolfenbüttel. Studium in Berlin (1876–1878) (BMV)

Teacher in Wolfenbüttel. Studied in Berlin (1876–1878) (BMV)

(Foto: Braunschweig)

42.7. Hermann Scheffler
1820–1903

Oberbaurat in Braunschweig; Mitglied der Direktion der Braunschweigischen Eisenbahn-Gesellschaft

Head councillor in building trade in Brunswick; member of the board of Brunswick's railway society

(Foto: Braunschweig)

Seite 43 · Page 43

43.1. Karl Ludwig Bauer
1845–1905

Lehrer in Ettenheim, Wiesbaden und Karlsruhe

Teacher in Ettenheim, Wiesbaden and Karlsruhe

(Foto: Karlsruhe)

43.2. **H. Brefin**

Vorsteher der Höheren Bürgerschule in Schopfheim
Headmaster of the Höhere Bürgerschule in Schopfheim
(Foto: Ulm)

43.3. **J. Kägy**

Lehrer in Eberbach (Baden)
Teacher in Eberbach (Baden)
(Foto: Heidelberg)

43.4. **Karl Israel-Holtzwart**

1839–1897
Lehrer in Frankfurt (Main)
Teacher in Frankfurt (Main)
(Foto: Frankfurt (Main); Notiz: „Aufnahme: 1875")

43.5. **Ernst Vorsteher**

Geboren 1860
Studium in Berlin (1880–1884). Promotion 1890 in Berlin (Kronecker, Fuchs)
Studied in Berlin (1880–1884). Doctorate 1890 in Berlin (Kronecker, Fuchs). Born 1860
(Foto: Berlin)

43.6. **Georg Wallenberg**

1864–1924
Lehrer und Mathematiker in Berlin. Studium in Berlin (1883–1885) (BMV)
Teacher and mathematician in Berlin. Studied in Berlin (1883–1885) (BMV)
(Foto: Berlin)

43.7. **Viktor Eberhard**

1861–1927
Mathematiker in Königsberg und Halle. Studium in Berlin (1885–1886). Erblindete 1873
Mathematician in Königsberg and Halle. Studied in Berlin (1885–1886). Became blind in 1873
(Foto: Breslau)

Seite 44 · *Page 44*

44.1. **Otto Landsberg**

1865–(letzte Publikation 1890)
Studium in Berlin (1884–1885) (BMV)
Studied in Berlin (1884–1885) (BMV). Last publication in 1890
(Foto: Breslau)

44.2. **August Dahrendorf**

1861–1928
Lehrer in Cottbus und Berlin. Studium in Berlin (1883–1888) (BMV)
Teacher in Cottbus and Berlin. Studied in Berlin (1883–1888) (BMV)
(Foto: Berlin)

44.3. **Lothar Heffter**

1862–1962
Mathematiker in Gießen, Bonn, Aachen, Kiel und Freiburg (Breisgau). Studium in Berlin (1883–1886) (BMV). Promotion 1886 in Berlin (Fuchs, Kronecker)
Mathematician in Giessen, Bonn, Aachen, Kiel and Freiburg (Breisgau). Studied in Berlin (1883–1886) (BMV). Doctorate 1886 in Berlin (Fuchs, Kronecker)
(Foto: Berlin)

44.4. **August Gutzmer**

1860–1924
Mathematiker in Jena und Halle. Studium (1881–1886) in Berlin (BMV) und Halle
Mathematician in Jena and Halle. Studied (1881–1886) in Berlin (BMV) and Halle
(Foto: Berlin)

44.5. **Carl Michaelis**

Geboren 1858
Studium in Berlin (1882–1883) (BMV). Promotion 1883 in Berlin.
Studied in Berlin (1882–1883) (BMV). Doctorate 1883 in Berlin. Born 1858
(Foto: Berlin)

44.6. **Fritz Bremer**

1863–1936
Lehrer in Berlin. Studium in Berlin (1882–1883)
Widmung: „Seinem hochverehrten Lehrer in Dankbarkeit"
Teacher in Berlin. Studied in Berlin (1882–1883)
(Foto: Leipzig)

44.7. **Paul Sauerbeck**

1866–1936
Lehrer in Reutlingen
Teacher in Reutlingen
(Foto: Stuttgart)

Band 2

Auf jeder Seite dieses Bandes befindet sich nur *ein* Foto. Die jeweils links angeführten Nummern entsprechen der angegebenen Numerierung der Fotos aus dem Band 2.

1. **Gustav Robert Kirchhoff**

    1824–1887

    Physiker und Mathematiker in Breslau, Heidelberg und Berlin

    Physicist and mathematician in Breslau, Heidelberg and Berlin

    (Foto: Berlin)

2. **Lazarus Fuchs**

    1833–1902

    Mathematiker in Greifswald, Göttingen, Heidelberg und Berlin. Studium in Berlin (1854–1858). Promotion 1858 in Berlin (Kummer, Ohm). Habilitation 1865 in Berlin (Kummer, Weierstraß). Rektor der Berliner Universität (1899/1900)

    Mathematician in Greifswald, Göttingen, Heidelberg and Berlin. Studied in Berlin (1854–1858). Doctorate 1858 in Berlin (Kummer, Ohm). 1865 habilitated in Berlin (Kummer, Weierstrass). Rector of the Berlin University (1899/1900)

    (Foto: Berlin)

3. Nicht identifiziert · *Unidentified*

    (Foto: Berlin)

4. **Rudolf Clausius**

    1822–1888

    Mathematiker und Physiker in Zürich, Würzburg und Bonn. Studium in Berlin (1840–1844)

    Mathematician and physicist in Zurich, Würzburg and Bonn. Studied in Berlin (1840–1844)

    (Foto: Bonn)

5. **Hermann Amandus Schwarz**

    (siehe 16.4.)

    (see 16.4.)

    (Foto: Helsingfors)

6. **Leo Koenigsberger**

    1837–1921

    Mathematiker in Dresden, Wien und Heidelberg. Studium in Berlin (1857–1860). Promotion 1860 in Berlin (Kummer, Ohm, Encke)

    Mathematician in Dresden, Vienna and Heidelberg. Studied in Berlin (1857–1860). Doctorate 1860 in Berlin (Kummer, Ohm, Encke)

    (Foto: Heidelberg)

Volume 2

On each page of this volume there is only *one* photo. The numbers on the left-hand side correspond to the numbering of the photos in the 2nd volume.

7. Nicht identifiziert · *Unidentified*

    (Foto: Hannover)

8. Nicht identifiziert · *Unidentified*

    (Foto: Berlin)

9. **Wilhelm Thomé**

    1841–1910

    Mathematiker in Berlin und Greifswald. Studium in Berlin (1863–1865) (BMV). Promotion 1865 in Berlin (Weierstraß, Kummer). Habilitation 1869 in Berlin (Weierstraß, Kummer)

    Mathematician in Berlin and Greifswald. Studied in Berlin (1863–1865) (BMV). Doctorate 1865 in Berlin (Weierstrass, Kummer). 1869 habilitated in Berlin (Weierstrass, Kummer)

    (Foto: Berlin)

10. **Ernst Schering**

    1833–1897

    Mathematiker und Astronom in Göttingen. Schwiegersohn von C. J. Malmstén. Besorgte die Gesamtausgabe von C. F. Gauß' Werken

    Widmung: „Herrn Professor Weierstrass zum 31sten October 1885 in dankbarer Ehrerbietung Ernst Schering"

    Mathematician and astronomer in Göttingen. Son-in-law of C. J. Malmstén. Took care of the complete edition of Gauss's works

    (Foto: Göttingen)

11. **Julius Weingarten**

    1836–1910

    Mathematiker in Berlin und Freiburg (Breisgau). Studium in Berlin (1853–1857)

    Mathematician in Berlin and Freiburg (Breisgau). Studied in Berlin (1853–1857)

    (Foto: Berlin)

12. **Heinrich Wilhelm Hertzer**

    1822–1897

    Lehrer in Wernigerode. Studium in Berlin (1843–1846)

    Auf der Rückseite: „gerade am 1. April 1885 wegen Augenleidens pensionirt. Wernigerode, 8. Septbr. 1885."

    Teacher in Wernigerode. Studied in Berlin (1843–1846)

    (Foto: ohne Ortsangabe)

13. **Hans Nägelsbach**
1838–1899
Lehrer (Direktor) in Zweibrücken und Erlangen
Teacher (headmaster) in Zweibrücken and Erlangen
(Foto: Erlangen)

14. **Adolf Dronke**
1837–1898
Lehrer (Direktor) in Grevenbroich, Koblenz und Trier
Teacher (headmaster) in Grevenbroich, Koblenz and Trier
(Foto: Trier)

15. Nicht identifiziert · *Unidentified*
(Foto: Wittenberg)

16. **Ernst Adolph**
1843–1922
Lehrer in Elberfeld
Teacher in Elberfeld
(Foto: Elberfeld)

17. **Carl Haase**
1843–1891
Mathematiker in München, Lindau und Augsburg. Studium in Berlin (1865–1866) (BMV)
Mathematician in Munich, Lindau and Augsburg. Studied in Berlin (1865–1866) (BMV)
(Foto: Augsburg)

18. **Viktor Schlegel**
1843–1905
Lehrer in Waren und Hagen. Studium in Berlin (1860–1863)
Teacher in Waren and Hagen. Studied in Berlin (1860–1863)
(Foto: Waren)

19. **Theodor von Oppolzer**
1841–1886
Astronom und Geodät in Wien; Regierungsrat
Astronomer and geodesist in Vienna; higher administrative official
(Foto: Wien)

20. **Friedrich Prym**
1841–1915
Mathematiker in Zürich und Würzburg. Studium (1859–1862) in Berlin, Heidelberg und Göttingen. Promotion 1863 in Berlin (Kummer, Ohm)
Mathematician in Zurich and Würzburg. Studied (1859–1862) in Berlin, Heidelberg, and Göttingen. Doctorate 1863 in Berlin (Kummer, Ohm)
(Foto: Würzburg)

21. **Franz Neumann**
1798–1895
Mathematiker, Physiker und Mineraloge in Königsberg. Studium in Berlin. Promotion 1825 in Berlin
Druck mit Untertitel: „*Franz Neumann im sechsundachtzigsten Lebensjahre. Nach einem Ölgemälde von Louise Neumann*"
Mathematician, physicist and mineralogist in Königsberg. Studied in Berlin. Doctorate 1825 in Berlin

22. Kein Porträt · *No portrait*

23. Kein Porträt · *No portrait*

24. **Carl Johan Malmsten**
1814–1886
Mathematiker in Upsala; später auch im Staatsdienst (Parlamentsabgeordneter, Minister)
Mathematician in Uppsala; later in the civil service (member of the parliament, minister)
(Foto: Göteborg)

25. **Gösta Mittag-Leffler**
1846–1927
Schwedischer Mathematiker in Helsingfors und Stockholm. Studienaufenthalt in Berlin (1874–1876). Trug wesentlich zur Verbreitung der Weierstraßschen Mathematik in Skandinavien bei
Swedish mathematician in Helsingfors and Stockholm. Studied in Berlin (1874–1876). Essentially involved in the spreading of Weierstrassian mathematics in Scandinavia
(Foto: Stockholm)

26.–30. Keine Porträts · *No portraits*

31. **Luigi Cremona**
1830–1903
Lehrer in Cremona und Mailand, Mathematiker in Bologna, Mailand und Rom; Senator
Widmung: „*Omaggio all' illustre Weierstrass sommo maestro a tutti in occasione del suo 70° anniversario. Il suo devoto amico e ammiratore Luigi Cremona, prof. di matem. all' universita' di Roma*"
Teacher in Cremona and Milan, mathematician in Bologna, Milan and Rome; senator
(Foto: Rom)

32. **Paolo Paci**

    1847–1904

    Lehrer, Mathematiker in Parma und Genua. Studium in Berlin (1872–1873) (BMV)

    Teacher, mathematician in Parma and Genoa. Studied in Berlin (1872–1873) (BMV)

    (Foto: Mailand, Genua, Triest)

33. Kein Porträt · *No portrait*

34. **Paul (Pál) von Jankó**

    1856–1919

    Ungarischer Musiker; Beamter in Konstantinopel (Tabakwirtschaft). Studium in Berlin (1881–1883; Mathematik und Musik) (BMV). Schüler von A. Bruckner

    Hungarian musician; official in Constantinople (tobacco industry). Studied in Berlin (1881–1883; mathematics and music) (BMV). Pupil of A. Bruckner

    (Foto: Budapest)

35. Kein Porträt · *No portrait*

36. **Jenö Hunyady**

    1838–1889

    Mathematiker in Budapest. Studium in München, Karlsruhe, Berlin (1864), Paris und Göttingen

    Mathematician in Budapest. Studied in Munich, Karlsruhe, Berlin (1864), Paris and Göttingen

    (Foto: Budapest)

37. **Gyula (Julius) König**

    1849–1913

    Mathematiker in Budapest. Studium (1867–1871) in Wien, Berlin und Heidelberg

    Mathematician in Budapest. Studied (1867–1871) in Vienna, Berlin and Heidelberg

    (Foto: Budapest)

38. **Pafnuti Lwowitsch Tschebyschew**

    (Pafnutij L'vovič Čebyšev)

    1821–1894

    Mathematiker in St. Petersburg

    Mathematician in St. Petersburg

    (Foto: ohne Ortsangabe)

39. **Viktor Jakowlewitsch Bunjakowski**

    (Viktor Jakovlevič Bunjakovskij)

    1804–1889

    Mathematiker in St. Petersburg

    Mathematician in St. Petersburg

    (Foto: St. Petersburg)

40. **Iwan Iwanowitsch Rachmaninow**

    (Ivan Ivanovič Rachmaninov)

    1826–1897

    Mathematiker in Kiew

    Mathematician in Kiev

    (Foto: Kiew)

41. **Awgust Juljewitsch Dawidow**

    (Avgust Jul'evič Davidov)

    1823–1886

    Mathematiker in Moskau. Mitbegründer (Präsident) der Moskauer Mathematischen Gesellschaft

    Mathematician in Moscow. Co-founder (president) of Moscow Mathematical Society

    (Foto: Moskau)

42. **Fjodor Alexejewitsch Sludski**

    (Fedor Alekseevič Sludskij)

    1841–1897

    Astronom, Mathematiker und Geodät in Moskau. Mitbegründer der Moskauer Mathematischen Gesellschaft

    Astronomer, mathematician and geodesist in Moscow. Co-founder of Moscow Mathematical Society

    (Foto: Moskau)

43. **Nikolai Wassiljewitsch Bugajew**

    (Nikolaj Vasil'evič Bugaev)

    1837–1903

    Mathematiker in Moskau

    Widmung: „*Aus Hochachtung dem Herrn Professor Weierstraß von seinem gewesenen Zuhörer im Jahre 1863–1864 Nicolai Bugaeff*"

    Mathematician in Moscow

    (Foto: Moskau)

44. **Nikolai Alexejewitsch Umow**

    (Nikolaj Alekseevič Umov)

    1846–1915

    Physiker in Odessa und Moskau

    Physicist in Odessa and Moscow

    (Foto: Moskau)

45. **Alexandr Wassiljewitsch Wassiljew**

    (Aleksandr Vasil'evič Vasil'ev)

    1853–1929

    Mathematiker in Kasan. Studium in Berlin (1878–1879, 1879–1880) (BMV)

    Mathematician in Kazan. Studied in Berlin (1878–1879, 1879–1880) (BMV)

    (Foto: Berlin)

46. **Alexei Petrowitsch Starkow**
(Aleksej Petrovič Starkov)

1850–1903

Navigationsoffizier, Mathematiker an der Handelsschule in Odessa. Erwarb 1891 die „Odessaer Neueste Nachrichten" (die er 10 Jahre redigierte)
Navigation officer, mathematician at the commercial college in Odessa. Bought 1891 the Odessa Courier (which he edited for 10 years)
(Foto: Odessa)

47. **Jegor Fjodorowitsch Sabinin**
(Egor Fedorovič Sabinin)

1831–1909

Mathematiker in Odessa
Mathematician in Odessa
(Foto: Odessa)

48. **Walerian Nikolajewitsch Ligin**
(Valerian Nikolaevič Ligin)

1846–1900

Mathematiker in Odessa; seit 1897 Kurator des Warschauer Lehrbezirks; Präsident der mathematischen Sektion der Naturforscher-Gesellschaft für Neurußland
Mathematician in Odessa; since 1897 curator of the educational district Warsaw; president of mathematics section of the naturalist society of New Russia
(Foto: Odessa)

49. **Tytus Babczyński**

1830–1910

Mathematiker und Physiker in Warschau
Mathematician and physicist in Warsaw
(Foto: ohne Ortsangabe)

50. Kein Porträt · *No portrait*

Quellen

zum Personenverzeichnis

Die Identifikation der Fotos und Ermittlung der biographischen Daten beanspruchte den bei weitem größten Zeitanteil bei der Vorbereitung der vorliegenden Publikation. Es wäre ein aussichtsloses Unterfangen gewesen, hätte ich mich nicht auf zwei Informationsquellen stützen können. Zum einen ist auf den Fotografien in der Regel entweder vom Einsender oder (der Handschrift nach) von Itzigsohn der Zuname vermerkt. Allerdings gelang nicht in jedem Fall die zweifelsfreie Entzifferung. Zum anderen fand ich im Institut Mittag-Leffler (Djursholm / Schweden) mehrere Blätter, auf denen Namen in der Anordnung verzeichnet waren (der Handschrift nach wohl ebenfalls von Itzigsohn), wie sie der Anordnung der Fotografien im ersten Band des Albums entspricht. Zusammen mit der Ortsangabe, die über das Fotoatelier oder auch aus einer handschriftlichen Notiz zu entnehmen war, dienten diese Hinweise zur Identifikation und zum Ausgangspunkt für die weiteren Recherchen. Dabei bin ich davon ausgegangen, daß die Angaben auf den Fotos zutreffen (von Fehlern bei der Schreibung von Namen einmal abgesehen (die meist erst zu entdecken waren, wenn alle unternommenen Nachforschungen erfolglos blieben)), da nur in wenigen Fällen Fotos zum Vergleich zur Verfügung standen. Nicht in jedem Fall ließen sich die gewünschten Daten vollständig ermitteln. Manche aufwendige Nachforschung konnte innerhalb der zur Verfügung stehenden Zeit nicht unternommen werden.

Biographische Daten wurden von mir ermittelt in den Archiven:
Biographical details were investigated in the archives:

Archiv der Humboldt-Universität zu Berlin:
Philosophische Fakultät. Studentenliste.
Philosophische Fakultät. Akten des Mathematischen Vereins (Nr. 559).

Pädagogisches Zentrum Berlin. Archiv der Gutachterstelle für deutsches Schul- und Studienwesen.

Für Recherchen und für freundliche Auskünfte zu einzelnen Personen möchte ich an dieser Stelle meinen herzlichen Dank aussprechen an:
I should like to thank the following for their helpful information regarding particular persons:

Frau Alsmann. Standesamt Münster (Todesdatum von A. Rasche);

Sources

for the List of People

The identification of the photos and the ascertainment of biographical dates took by far the most time in preparing this publication. It would have been a hopeless undertaking if I had not been able to rely on two sources of information. Firstly, usually the photos were labelled, either by the sender or (going by the handwriting) by Itzigsohn. However, these notes were not always so easy to decipher. Secondly, I found several sheets in the Mittag-Leffler Institute (Djursholm / Sweden), on which names were listed (the handwriting resembling that of Itzigsohn) as the photos occur in the first volume of the album. Together with information about the photo studio or from handwritten notes, these pieces of evidence served for identification purposes and as the starting point for further research. However, the search for dates was not fully successful in every case. Contemporary photos, which could confirm the identification of the people in the album, were only available in a few cases. Thus I have assumed that the information contained on the photos is correct. This is with the exception of errors in the way names were written, which were mostly only discovered after all other lines of investigation had proved fruitless. Up to the last moment I was busy with enquiries, but it was not possible to explore every avenue within the time available.

Prof. P. Baptist. Technische Universität Dresden (Lebensdaten von F. Hofmann und K. L. Bauer);
Dr. W. Eccarius. Universität Erfurt (Todesdatum von B. Heiland);
Dr. Haenel. Universitätsarchiv der Georg-August-Universität Göttingen (Lebensdaten von H. Meyer);
P. Hunziker. Bibliothek der Eidgenössischen Technischen Hochschule (Lebensdaten von H. Meyer);
Prof. H. C. Im Hof. Universität Basel (Lebensdaten von E. Im Hof);
Dr. M. Mayer. Stadtarchiv St. Gallen (Lebensdaten von H. Meyer);
G. Remer. Comenius-Bücherei der Universität Leipzig (Auskünfte über J. Groll);
OStD G. Schwab. Ludwigsgymnasium München (Auskünfte über J. Groll);
StR K. Zacharias. Gymnasium Theodorianum Paderborn (Geburtsdatum von A. Rasche).

Literatur

zum Personenverzeichnis

Zur Ermittlung der biographischen Angaben sind Standard-Nachschlagewerke wie *J. C. Poggendorffs Biographisch-Literarisches Handwörterbuch*, die *Allgemeine Deutsche Biographie* und die *Neue Deutsche Biographie* verwendet worden. Eine wertvolle Quelle sind die Jahresberichte der Schulen, die von mir in großer Zahl durchgesehen wurden. Weiterhin sind folgende Publikationen herangezogen worden:

Biermann, K.-R.: Die Mathematik und ihre Dozenten an der Berliner Universität 1810–1933. Stationen auf dem Wege eines mathematischen Zentrums von Weltgeltung. Berlin: Akademie-Verlag 1988.

Borodin, A. I., Bugaj, A. S.: Vydajuščiesja matematiki. Biografičeskij slovar'-spravočnik. Kiev: Radjans'ka škola 1987.

Kalender für das höhere Schulwesen Preußens und einiger anderer deutscher Staaten. Herausgegeben in Breslau von K. Kunze (Bd. 1 (1894/95) ff.).

Lejbman, E. B.: Matematičeskoe otdelenie novorossijskogo obščestva estestvoispytatelej (1876–1928). In: Istoriko-matematičeskie issledovanija 14 (1961), 393–440.

Lorey, W.: Das Studium der Mathematik an den deutschen Universitäten seit Anfang des 19. Jahrhunderts. (Abhandlungen über den mathematischen Unterricht in Deutschland; Band 3, Heft 9.) Leipzig, Berlin: B. G. Teubner 1916.

References

for the List of People

Standard reference works, such as J. C. Poggendorffs Biographisch-Literarisches Handwörterbuch, the Allgemeine Deutsche Biographie and the Neue Deutsche Biographie have been consulted for biographical details. A valuable source were the annual school reports, which I looked through in great number. The following further publications were used:

Marčevskij, M. N.: Char'kovskoe matematičeskoe obščestvo sa pervye 75 let ego suščestvovanija (1879–1954). In: Istoriko-matematičeskie issledovanija 9 (1956), 613–666.

Skalweit, A.: Georg Hanssen (1809–1894). Breslau: F. Hirt 1930.

Thiel, Ch.: Leben und Werk Leopold Löwenheims (1878–1957). In: Jahresbericht der Deutschen Mathematiker-Vereinigung 77 (1975), 1–9.

Toepell, M.: Mitgliedergesamtverzeichnis der Deutschen Mathematiker-Vereinigung 1890–1990. Herausgegeben von M. Toepell unter Mitarbeit des Präsidiums und der Geschäftsstelle der Deutschen Mathematiker-Vereinigung. München 1991.

Alphabetisches Verzeichnis

Personen im Album

Die Angabe von *zwei* Zahlen verweist stets auf den Band 1, die Angabe von nur *einer* Zahl stets auf den Band 2 des Fotoalbums; die Umlaute ä, ö, ü sind als ae, oe, ue zu lesen.

List of People

In Alphabetical Order

Two numbers always refer to the 1st volume, one number always to the 2nd volume of the album; the umlauts ä, ö, ü are to be read as ae, oe, ue.

Adam 33.6.
Adolph 16.
Albrecht 12.1.
Amthor 41.1
Auwers 13.1.

Babczyński 49.
Bachmann 21.7.
Bäcklund 6.7.
Baer 29.2.
Baltzer 16.1.
Battermann 28.5.
Bauer 43.1.
Beez 41.7.
Bender 39.5.
Bendixson 6.2.
Bertram 27.1.
Beuriger 37.5.
Biermann, O. 11.5.
Biermann, W. 27.5.
Bigler 8.3.
Bjerknes 7.3.
Björling 7.2.
Blankenburg 34.3.
Bobylew 5.3.
Boltzmann 10.6.
Borenius 4.1.
Battaglini 3.7.
Bremer 44.6.
Brefin 43.2.
Bresina 34.7.
Brill 22.4.
Broch 7.4.
Bruns 20.2.
Bugajew 43.
Bunjakowski 39.

Callenberg 37.3.
Cantor, G. 17.5.
Cantor, M. 18.2.
Casorati 3.4.
Cayley 2.4.
Clausius 4.

Cornelius, C. A. 21.4.
Cornelius, H. 39.3.
Crampe 32.1.
Cremona 31.
Crone 2.3.

Dahrendorf 44.2.
Dawidow 41.
Dersch 35.6.
Diekmann 36.5.
Dronke 14.
Du Bois-Reymond 24.1.
Dürre 17.1.
Dziwiński 11.3.

Eberhard 43.7.
Endert 42.2.
Erler 29.4.

Fabian 11.2.
Falk 6.5.
Fehrs 36.4.
Fiedler 33.2.
Fischer, F. W. 40.4.
Fischer, W. 38.1.
Frahnert 31.2.
Franz 19.6.
Freyer 33.7.
Frieß 38.6.
Frobenius 9.4.
Fuchs 2.
Fürstenau 27.4.

Gauß 31.4.
Gebhardt 41.3.
Gegenbauer 10.7.
Geiser 9.7.
Geitel 42.6.
Gellenthin 30.2.
Genocchi 3.6.
Gerhardt 32.4.
Gierster 40.1.
Goedecker 33.5.

Gordan 14.6.
Graetz 21.3.
Graf 8.2.
Gram 1.2.
Groll 39.6.
Grunmach 24.6.
Grychin 5.4.
Günther 39.1.
Guiard 30.1.
Gusserow 27.6.
Gutzmer 44.4.

Haase 17.
Haentzschel 36.2.
Hallstén 4.2.
Hamburger 24.4.
Handel 31.6.
Hansen 1.5.
Hanssen 16.7.
Hatzidakis 12.6.
Haub 25.1.
Hauck 24.3.
Hazzidakis 12.6.
Heffter 44.3.
Heiland 41.6.
Heilermann 37.4.
Hellwig 32.5.
Henneberg 23.7.
Henoch 27.7.
Hentschel 32.6.
Hercher 40.2.
Hermes, J. 25.2.
Hermes, O. 27.3.
Hermite 2.7.
Hertzer, H. 24.2.
Hertzer, H. W. 12.
Heß 20.6.
Hettner 13.2.
Hölder 16.5.
Hofmann 39.7.
Holtz 17.3.
Holzmüller 34.5.
Hunyady 36.
Hurwitz 19.5.

Im Hof 7.7.
Israel-Holtzwart 43.4.

Jankó 34.
Juel 2.2.
Jürgens 23.5.

Kägy 43.3.
Kärger 30.7.
Kambly 31.1.
Kayser 32.7.
Ketteler 14.3.
Kiehl 30.6.
Kießler 40.7.
Killing 16.2.
Kirchhoff 1.
Klein, F. 20.3.
Klein, H. 41.2.
Kleinfeller 39.4.
Kljuschnikow 4.6.
Knoblauch, H. 17.4.
Knoblauch, J. 13.5.
Knorre 12.7.
Köhler 18.3.
König, A. 13.7.
König, G.(J.) 37.
Koenigsberger 6.
Köttgen 38.2.
Kohlrausch 23.1.
Kohn 10.2.
Kortum 14.2.
Kossak 24.7.
Kowalewskaja 6.4.
Kozłowski 30.5.
Krause, F. 35.7.
Krause, M. 21.6.
Krazer 23.3.
Künzer 25.3.
Kundt 22.2.

Lampe 27.2.
Landsberg 44.1.
Lang 10.1.

Langer 40.5.
Laßwitz 40.6.
Le Paige 3.1.
Lehmann-Filhés 13.4.
Leisen 36.3.
Leitzmann 31.7.
Leonhard 35.3.
Lessing 29.7.
Lie 7.5.
Ligin 48.
Lilienthal 14.1.
Lindner 30.3.
Lippich 11.7.
Lipschitz 14.4.
Löwenheim 28.3.
Lommel 14.5.
Lorenz 1.4.
Lottner 35.1.
Lüroth 15.5.
Luke 25.6.

Magener 30.4.
Malmsten 24.
Mangoldt 23.6.
Mansion 3.3.
Marguet 8.6.
Mayer 20.1.
Mehler 26.4.
Mellin 4.3.
Merk 32.3.
Mertens, F. 10.4.
Mertens, V. 37.6.
Meyer, A. 9.5.
Meyer, F. 22.5.
Meyer, G. 42.3.
Meyer, G.F. 39.2.
Meyer, H. 9.6.
Meyer, O.E. 15.2.
Michaelis 44.5.
Milinowski 38.5.
Minding 4.7.
Minnigerode 17.2.
Mittag-Leffler 25.
Mix 29.5.

Molk 3.2.
Müller, R. 28.7.
Müller, W. 35.4.
Münch 34.4.

Nägelsbach 13.
Neesen 36.6.
Netto 13.3.
Neumann 21.
Noether 14.7.
Noodt 33.3.

Ograbiszewski 25.4.
Oltramare 8.5.
Oppolzer 19.

Paci 32.
Pasch 16.3.
Paszotta 25.7.
Peters 18.5.
Petersen 1.7.
Philipp 29.3.
Phragmén 6.3.
Picard 2.6.
Pick 11.6.
Pincherle 3.5.
Planck 18.6.
Posse 5.1.
Praetorius 26.1.
Preobrashenski 5.7.
Pringsheim 21.2.
Prym 20.
Ptaszycki 5.2.
Püschel 31.5.

Quensen 42.5.

Rachmaninow 40.
Ramsay 4.4.
Rasche 37.2.
Rautenberg 26.7.
Reye 22.1.
Ringelmann 33.4.
Ritgen 38.3.
Rosanes 15.1.

Rosenberger 35.5.
Rudio 9.2.
Runge 13.6.

Saalschütz 19.7.
Sabinin 47.
Sachse 40.3.
Salmon 2.1.
Sauerbeck 44.7.
Schaefer 33.1.
Schaeffer 19.2.
Scheffler 42.7.
Scheibner 20.4.
Schering 10.
Schiller 6.1.
Schimpf 35.2.
Schirlitz 37.7.
Schläfli 8.4.
Schlegel, M. 28.1.
Schlegel, V. 18.
Schlömilch 23.4.
Schneider 36.7.
Schönemann 34.6.
Schönflies 16.6.
Schöttler 26.5.
Schottky 9.3.
Schroeter 15.4.
Schubert 42.1.
Schultz 6.6.
Schur, F. 20.5.
Schur, W. 22.3.
Schwarz 16.4., 5.
Seliwanow 5.5.
Selling 23.2.
Serret 2.5.
Shukowski 5.6.
Sievers 41.5.
Simon 38.4.
Sludski 42.
Stäckel 29.1.
Stahl 22.7.
Starkow 46.
Staudacher 38.7.
Staude 15.3.
Steinhäuser 42.4.

Stephanos 12.5.
Stern 8.1.
Stickelberger 15.6.
Stolz 10.5.
Strümpfler 29.6.
Sylow 7.1.

Tabulski 26.6.
Thiele 1.3.
Thienemann 37.1.
Thomae 19.1.
Thomé 9.
Tichomandrizki 4.5.
Tiemann 34.2.
Tietz 25.5.
Tschebyschew 38.

Umow 44.

Valentin 28.4.
Valentiner 1.6.
Vályi 12.4.
Vollhering 41.4.
Vorsteher 43.5.

Wallenberg 43.6.
Walter 36.1.
Wangerin 17.6.
Warburg 15.7.
Wassiljew 45.
Weber 20.7.
Weinek 11.4.
Weingarten 11.
Weltzien 28.6.
Wendt 24.5.
Weyer 18.4.
Weyr 10.3.
Wiltheiss 17.7.
Wittiber 31.3.
Wolf 9.1.

Zech 32.2.
Zeuthen 1.1.
Żmurko 11.1.
Züge 34.1.

Die Porträts · **The Portraits**

Das Fotoalbum für Weierstraß

Band 1

Die Albumseiten werden in etwas kleinerem Format sonst aber vollkommen unverändert wiedergegeben, insbesondere stimmt die Anordnung der Fotos mit der des Originals überein. Das Format der Fotos im 1. Band beträgt etwa 6 x 9,5 cm.

The Weierstrass Photo Album

Volume 1

Apart from a somewhat smaller format, the pages of the album are reproduced without any other changes; in particular, the order of the photos coincides with that of the original. The format of the photos is approx. 6 x 9.5 cm.

6

10

12

14

16

18

20

22

24

26

28

30

32

34

36

37

38

42

43

44

Das Fotoalbum für Weierstraß

Band 2

Die Seiten des 2. Bandes enthalten jeweils höchstens ein Foto. Aus Gründen der Zweckmäßigkeit sind diese für die Wiedergabe zusammengestellt worden, wobei zu jedem Foto die Seite angegeben ist, auf der es sich im Original befindet (nicht aufgeführte Seitenzahlen bedeuten, daß die betreffende Albumseite leer ist). Das Format der Fotos im 2. Band beträgt etwa 10 x 14 cm.

The Weierstrass Photo Album

Volume 2

The pages of the 2nd volume contain at most one photo each. In our reproduction they are arranged together with a number added referring to the page where it is contained in the album (a missing page number means that the corresponding page of the album is empty). The format of the photos is approx. 10 x 14 cm.

1

2

3

4

5

6

7

8

9

11

10

12

14

13

15

16

17

18

19

21

20

24

25

31

32

34

36

37

38

39

40

41

42

43

44

45

47

46

48

49

MIX
Papier aus verantwortungsvollen Quellen
Paper from responsible sources
FSC® C105338

If you have any concerns about our products,
you can contact us on
ProductSafety@springernature.com

In case Publisher is established outside the EU,
the EU authorized representative is:
Springer Nature Customer Service Center GmbH
Europaplatz 3, 69115 Heidelberg, Germany

Printed by Libri Plureos GmbH
in Hamburg, Germany